A. R. Katritzky · J. M. Lagowski

Chemie der Heterocyclen

Theoretische Grundlagen · Darstellungsmethoden · Reaktionen

Ins Deutsche übertragen
von Günter Koch

Springer-Verlag
Berlin · Heidelberg · New York 1968

Professor A. R. KATRITZKY

Dean of the School of Chemical Sciences
University of East Anglia, Norwich, England

J. M. LAGOWSKI

Research Scientist
Genetics Foundation, The University of Texas, Austin, Texas, USA

Übersetzt von Dr. GÜNTER KOCH

Grünwettersbach über Karlsruhe

Die englische Originalausgabe erschien 1967 unter dem Titel "The Principles of Heterocyclic Chemistry"
bei Methuen & Co. Ltd., London. © 1967 Alan R. Katritzky and J. M. Lagowski

ISBN-13: 978-3-642-85879-6   e-ISBN-13: 978-3-642-85878-9
DOI: 10.1007/978-3-642-85878-9

© der deutschen Ausgabe by Springer-Verlag Berlin · Heidelberg 1968. Library of Congress Catalog Card
Number 67-11866.

Softcover reprint of the hardcover 1st edition 1968

Titel-Nr. 1396

Vorwort zur deutschen Ausgabe

Die Bedeutung der Chemie der Heterocyclen läßt sich kaum über-
betonen. Vom industriellen Standpunkt aus nimmt sie besonders in der
pharmazeutischen und der Farbenindustrie eine beherrschende Stellung
ein. In der Kunststoffindustrie, der Agrikulturchemie und auf vielen
anderen Gebieten wächst ihre Bedeutung stetig. Vom akademischen
Standpunkt aus gibt es viele interessante Systeme, die einer Untersuchung
harren, und zahlreiche Ergebnisse, die der Interpretation bedürfen. Die
heterocyclische Chemie bildet die größte und die am schnellsten wach-
sende klassische Abteilung der organischen Chemie. Dennoch erfolgte
die systematische Anwendung der Elektronentheorie der organischen
Chemie und der Methoden der physikalischen organischen Chemie auf
diesem Sektor zögernder als in der aliphatischen, alicyclischen oder
aromatischen Chemie. Wir hoffen zu einer Korrektur dieses Tatbestands
beizutragen. Ziel dieses Buches ist es, die wesentlichen chemischen Eigenschaften der grundlegenden heterocyclischen Systeme zu erklären und zu
korrelieren. Der Text wendet sich insbesondere an Studenten, doch
glauben wir, daß er auch für viele in der akademischen oder industriellen Forschung Tätigen nützlich sein kann.

Jeder Autor eines Chemielehrbuchs ist der großen Zahl von Chemi-
kern verbunden, deren experimentelle Arbeiten die Basis seines Buches
bilden. Wir bedauern deshalb, daß es in einem Buch dieses Umfangs
nicht möglich war, der Arbeit einzelner Chemiker die entsprechende
Anerkennung zu zollen. Statt einen unvollständigen Überblick zu geben,
haben wir uns entschlossen, auf die Zitierung von Namen überhaupt zu
verzichten (die einzigen Ausnahmen sind „Namenreaktionen" sowie die
Autoren und Herausgeber von Büchern). Bei der Abfassung eines Lehr-
buchs des vorliegenden Typs muß man sich notwendigerweise stark an
Sekundärquellen anlehnen, deren wichtigste in Kapitel 1 aufgeführt sind.

Im Hinblick auf den großen Beitrag, den deutsche Chemiker auf allen
Gebieten der organischen Chemie geleistet haben und noch leisten, ist es
uns eine besondere Freude, daß dieses Buch gleichzeitig mit der englischen
Ausgabe in Deutsch herauskommt. Wir danken Dr. G. KOCH für die Über-
setzung und für sein stetes Interesse an dieser beschwerlichen Aufgabe,
die er, wie wir glauben, zu einem erfolgreichen Abschluß gebracht hat.

Norwich und Austin,   A. R. KATRITZKY
Frühjahr 1968   J. M. LAGOWSKI

Inhalt

Kapitel 1

Einführung

Die Chemie der Heterocyclen ist von größter theoretischer und praktischer Bedeutung. Das umfangreiche Tatsachenmaterial läßt sie gewöhnlich als sehr komplex erscheinen, und manche Lehrmethoden sind eher geeignet, dies noch zu betonen: Einige wenige Ringsysteme werden ausgewählt, eine Liste entsprechender Herstellungsverfahren wird aufgezählt, von jedem der Ringsysteme werden die Eigenschaften besprochen, und dann wendet sich das Interesse den Naturstoffen zu. Ziel dieses Buches ist es dagegen, eine einheitliche Darstellung der Chemie der Heterocyclen zu geben. Dabei liegt die Betonung auf den Beziehungen zwischen den Herstellungsmethoden der Ringsysteme und auf den Beziehungen zwischen ihren Eigenschaften. Ferner hoffen wir zu zeigen, daß für die Erlangung einer brauchbaren Kenntnis des Gebiets ein encyclopädisches Gedächtnis nicht nötig ist: Die Chemie der Heterocyclen ist so logisch wie die der Aliphaten oder der Aromaten, und ein Verständnis der Tatsachen ist wichtiger — und leichter — als ein Auswendiglernen. Für das Verständnis der Chemie der Heterocyclen ist eine angemessene Kenntnis der aliphatischen und der aromatischen Chemie wesentlich. Derartige Kenntnisse werden vorausgesetzt. Häufig wird auf die Elektronentheorie Bezug genommen; wegen ihrer Wichtigkeit wird in Abschnitt 1.2 eine kurze Zusammenfassung gegeben.

1. Zur Benutzung dieses Buches durch Studenten

Sie sollte mit dem sorgfältigen Lesen der Einführung beginnen. Die Schlüsselkapitel sind 2 und 4, welche die sechs- bzw. fünfgliedrigen Ringe mit einem Stickstoff-, Sauerstoff- oder Schwefelatom im Ring behandeln. Das Material wurde mit dem Ziel einer logischen Darstellung geordnet und nicht im Hinblick auf die relative Bedeutung der Fakten. Daher sei besonders auf zusammenfassende Abschnitte innerhalb dieser Kapitel verwiesen: In Kapitel 2 werden

Ringsynthesen in Abschnitt 2.II. zusammengefaßt,
Reaktionen aromatischer Kerne in Abschnitt 2.III.,
Reaktionen von Substituenten in Abschnitt 2.IV und
Darstellungsmethoden substituierter Verbindungen in Abschnitt 2.IV.C.

Die entsprechenden Übersichten in Kapitel 4 findet man in den Abschnitten 4.II, 4.III und 4.IV.

2. Grundlagen der Elektronentheorie der organischen Chemie*

Die organische Chemie hat sich heute so weit entwickelt, daß man die große Mehrzahl aller Reaktionen durch eine Aufeinanderfolge einzelner Schritte erklären und korrelieren kann, wobei sich diese Schritte ihrerseits in wenige einfache, grundlegende Reaktionstypen unterteilen lassen.

Bei jeder organischen Reaktion werden Bindungen gelöst und/oder gebildet. Eine chemische Bindung besteht aus zwei Elektronen, die zwei Atomen gemeinsam angehören, und sie wird gebildet (oder gelöst) auf dreierlei Weise:

1. Eines der beiden Atome trägt beide Elektronen zur Bindung bei, entweder von einem einsamen Elektronenpaar

$$A \overset{\frown}{\,} B \longrightarrow A^+ : B^-$$

oder von einer anderen Bindung, häufig einer Mehrfachbindung

$$D \overset{\frown}{=\!\!\!=} A \, B \longrightarrow D^{\pm}\!\!-\!\!A\!\!-\!\!B^-$$

(die gekrümmten Pfeile deuten die Verschiebung eines Elektronenpaares an). Die Atome erhalten dabei formale Ladungen. Reaktionen dieses Typs, die man verallgemeinert „ionische Reaktionen" nennt, sind die bei weitem wichtigsten. Das Atom, Molekül oder Ion, welches das Elektronenpaar liefert, wird als nucleophiles Reagens bezeichnet und dasjenige, welches die Elektronen empfängt, als elektrophiles Reagens.

2. Jedes Atom trägt ein Atom zur Bindung bei

$$A \overset{\cdot\frown\cdot}{\,} B \longrightarrow A : B$$

(wobei die punktierten Pfeile die Verschiebung eines einzelnen Elektrons andeuten). Reaktionen dieses Typs sind als radikalische Reaktionen bekannt, denn mindestens einer der Reaktionspartner oder Reaktionsprodukte muß ein freies Radikal sein, d. h. ein ungepaartes Elektron enthalten.

3. Die Bindung wird in einem cyclischen Übergangszustand gebildet oder gelöst (1→2). Man könnte zunächst annehmen, daß die Elektronen entweder paarweise wie in (3) oder (4) oder als einsame Elektronen wie in (5) wandern, doch zeigt die moderne Theorie, daß der Versuch einer

---

* Eingehendere Darstellungen findet man z. B. bei Cram und Hammond, *Organic Chemistry*, 2. Aufl., McGraw-Hill, New York 1964. Roberts und Caserio, *Basic Principles of Organic Chemistry*, Benjamin, 1964. Gould (übersetzt von Koch), *Mechanismus und Struktur in der organischen Chemie*, 2. Aufl., Verlag Chemie, Weinheim a. d. Bergstraße 1964.

Unterscheidung zwischen diesen Möglichkeiten bedeutungslos ist und daß der cyclische Übergangszustand als ein eigener Reaktionstyp zu behandeln ist.

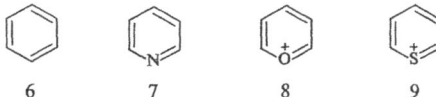

3. **Beziehungen zwischen heterocyclischen und carbocyclischen aromatischen Verbindungen**

Die carbocyclischen Verbindungen lassen sich in aromatische und alpihatische Typen einteilen. Die Chemie der alicyclischen Verbindungen ist im allgemeinen der ihrer aliphatischen Analoga ähnlich, während in der Chemie der aromatischen Verbindungen zusätzliche Faktoren eine Rolle spielen. Die heterocyclischen Verbindungen lassen sich analog einteilen: In der Chemie der heteroaromatischen Verbindungen spielen wieder besondere Faktoren eine Rolle; ihnen gilt daher die Aufmerksamkeit dieses Buches.

Aromatische Verbindungen enthalten fünf-, sechs- oder siebengliedrige Ringe*, in denen alle Ringatome in einer Ebene liegen und je ein *p*-Orbital senkrecht zu dieser Ebene aufweisen (d. h. an der Unsättigung teilhaben). Jeder Ring besitzt sechs π-Elektronen (das aromatische Sextett).

$$
\begin{array}{cccc}
\text{6} & \text{7} & \text{8} & \text{9}
\end{array}
$$

Sechsgliedrige aromatische Heterocyclen leiten sich vom Benzol (6) her: CH-Gruppen werden durch N, O^+ oder S^+ ersetzt, die mit der CH-Gruppe isoelektronisch sind**. Beim Ersatz einer CH-Gruppe erhält man Pyridin (7), das Pyrylium-Ion (8) und das Thiopyrylium-Ion (9). Ersatz von zwei oder mehr CH-Gruppen unter Erhaltung des aromatischen Charakters ist möglich.

Die fünfgliedrigen aromatischen Heterocyclen Thiophen (10), Pyrrol (11) und Furan (12) leiten sich formal vom Benzol durch den Ersatz von zwei CH-Gruppen durch ein S, NH oder O her, von denen jedes *zwei* Elektronen zum aromatischen Sextett beisteuern kann**. Andere fünfgliedrige aromatische Heterocyclen leiten sich von den Verbindungen

---

* Kürzlich wurden carbocyclische aromatische Ringe von großer Gliederzahl gefunden, doch ist über ihre Hetero-Derivate wenig bekannt. Aus Platzgründen und weil eine umfassende Behandlung noch nicht möglich ist, werden Heterocyclen mit sieben- und mehrgliedrigen Ringen in diesem Buche nicht behandelt.

** Einige aromatische Verbindungen mit anderen Heteroatomen sind bekannt, z. B. Heterocyclen, die Arsen, Bor, Phosphor, Selen, Silicium und Tellur enthalten.

(10), (11) und (12) durch weiteren Ersatz von CH-Gruppen durch N, O^+ oder S^+ her.

10	11	12

13	14	15	16

Die grundlegenden Prinzipien, die den Grad und den Typus der Reaktivität heteroaromatischer Verbindungen bestimmen, sind von der aliphatischen und aromatischen Chemie her bekannt. Drei sind besonders bedeutsam:

1. Sauerstoff, Stickstoff oder Schwefel, die durch eine Mehrfachbindung an Kohlenstoff gebunden sind, können ein gemeinsames π-Elektronenpaar ganz aufnehmen (13). Sie bieten so einem nucleophilen Reagens ebenso die Möglichkeit zum Angriff auf das Kohlenstoffatom wie bei vielen bekannten Reaktionen von Carbonyl-Verbindungen. Der Angriff durch ein nucleophiles Reagens wird erleichtert, wenn das Heteroatom eine positive Ladung trägt (14).

2. Ein Elektronenpaar an einem Sauerstoff-, Stickstoff- oder Schwefelatom, das einem ungesättigten System benachbart ist, kann über dieses System hinweg für eine Reaktion verfügbar gemacht werden (15). Dies kann auch geschehen, wenn das Heteroatom eine negative Ladung trägt (16). Die Alkylierung des Acetoacetat-Ions am Kohlenstoff ist eine analoge Reaktion der aliphatischen Chemie.

17	18	19

20	21	22

3. Aromatische Verbindungen haben die Tendenz zur „Erhaltung des Typs", d.h. zur Rückkehr zu ihrem ursprünglichen ungesättigten System, wenn dieses gestört wird. So ist die Reaktion von Brom mit Benzol (17) bis (19) und mit Äthylen (20) bis (22) im ersten Schritt sehr

ähnlich, aber im zweiten Schritt verschieden, denn in der aromatischen Reihe tritt eine Wiederherstellung des aromatischen Zustandes ein.

Diese grundlegenden Prinzipien geben manchen Einblick in das Reaktionsverhalten aromatischer Heterocyclen. Für sechsgliedrige heteroaromatische Verbindungen gelten 1. und 3., für fünfgliedrige Ringe mit einem Heteroatom 2. und 3. Für fünfgliedrige heteroaromatische Ringe mit zwei oder mehr Heteroatomen sind alle drei Prinzipien anwendbar.

4. Gliederung des Buches

Die Kapitel 2 und 3 behandeln die Chemie sechsgliedriger Ringverbindungen mit einem oder mehreren Heteroatomen. Kapitel 4 und 5 befassen sich mit den entsprechenden fünfgliedrigen Ringverbindungen. Eine Vertrautheit mit Kapitel 2 ist für das Verständnis von Kapitel 3 wesentlich, und Kapitel 5 setzt die Kenntnis des in den Kapiteln 2, 3 und 4 behandelten Materials voraus. Drei- und viergliedrige Ringe werden in Kapitel 6 behandelt. Die physikalischen Eigenschaften repräsentativer heterocyclischer Verbindungen werden in Kapitel 7 zusammengefaßt und diskutiert.

Der Aufbau der Kapitel 2 bis 5 ist in allen Fällen gleich: Ein einführender Abschnitt gibt einen Überblick über die verschiedenen Ringtypen, bespricht die Nomenklatur- und Numerierungssysteme und erwähnt einige wichtige natürliche und synthetische Verbindungen. Anschließend werden, ausgehend von aliphatischen und carbocyclischen Verbindungen, die Synthesen beschrieben. Die Darstellung einer heterocyclischen Verbindung aus einer anderen wird als Reaktion der Ausgangsverbindung betrachtet. Die Reaktionen aromatischer und nichtaromatischer Verbindungen werden in jedem Kapitel getrennt behandelt. Die Reaktionen aromatischer Verbindungen werden in Reaktionen des Ringes und in Reaktionen des Substituenten gegliedert. Diese Einteilung mag gelegentlich ziemlich willkürlich scheinen, sie hat aber manche Vorteile. Im allgemeinen wird eine Reaktion, bei der ein Substituent verändert wird, als Reaktion dieses Substituenten betrachtet. Kondensierte Benzolringe gelten als Substituenten, so beispielsweise Chinolin als ein substituiertes Pyridin.

Die Mechanismen von Reaktionen, welche ausgehend von acyclischen oder carbocyclischen Verbindungen zu heterocyclischen Ringen führen, werden nicht im einzelnen diskutiert, da eine solche Diskussion eher zur aliphatischen und carbocyclischen Chemie als zur heterocyclischen Chemie gehört. Überdies sind die allgemeinen Grundzüge gewöhnlich leicht zu erkennen. Kohlenstoff-Kohlenstoff-Bindungen werden häufig durch Reaktionen vom Aldol- und Claisen-Typ oder durch den Angriff eines elektrophilen Reagens (z. B. einer Carbonyl- oder Carboxyl-Gruppe, eines Halogenid- oder Diazonium-Ions) auf einen Benzolring oder eine Doppelbindung gebildet. Bindungen zwischen Kohlenstoff und Stickstoff-, Sauerstoff- oder Schwefelatomen werden gewöhnlich durch nucleophile Substitutionen, Carbonyl-Additionsreaktionen oder Michael-Additionen hergestellt. Auch Eliminierungsreaktionen sind häufig beteiligt.

5. Konventionen

Arabische Ziffern dienen stets zur Bezeichnung der Stellung von Substituenten in den betreffenden Verbindungen, während griechische Buchstaben zur Bezeichnung der Stellung des Substituenten relativ zum Heteroatom verwendet werden. Beispielsweise enthalten 2-Picolin, 1-Methyl-isochinolin und 6-Methyl-phenanthridin jeweils eine α-Methyl-Gruppe, denn in allen Fällen sitzt die Methyl-Gruppe an dem dem Stickstoffatom benachbarten Kohlenstoffatom.

23   24   25   26   27   28

Die Formelbilder monocyclischer Verbindungen sind so orientiert, daß die Numerierung unten beginnt und entgegen dem Uhrzeigersinn um den Ring herum fortschreitet [vgl. z. B. die Formeln (39) bis (49)]. Formelbilder polycyclischer Verbindungen mit einem heterocyclischen Ring werden entsprechend orientiert, so daß also der heterocyclische Ring die gleiche Position wie in der entsprechenden monocyclischen Verbindung einnimmt. Dies betont ihre Analogie. In einigen Fällen ist dies eine Abweichung von der gewohnten Form; beispielsweise wird Isochinolin in diesem Buch durch (23) anstatt (24) und Pyrimidin durch (25) statt durch eine der Formeln (26) bis (28) wiedergegeben. Formelbilder polycyclischer Verbindungen mit zwei oder mehreren heterocyclischen Ringen sind meist in der üblichen Weise angeordnet. Doppelbindungen sind stets eingezeichnet, während Wasserstoffatome, die an cyclische Kohlenstoffatome gebunden sind, gewöhnlich nicht extra aufgeführt werden.

Der Buchstabe Z dient zur Kennzeichnung eines O- oder S-Atoms, einer NH-, NMe-, NPh-Gruppe usw. Alkyl- und Arylgruppen werden durch R bzw. Ar wiedergegeben. Y steht jeweils für einen nicht näher spezifizierten Substituenten. Methyl-, Äthyl-, Propyl-, Acetyl-, p-Toluolsulfonyl- und Phenyl-Gruppen sowie Halogenatome werden vielfachem internationalem Brauch entsprechend als Me, Et, Pr, Ac, Ts, Ph und X bezeichnet. E^+ und Nu^- bedeuten elektrophile bzw. nucleophile Reagentien.

Es wurde versucht, eine Vorstellung von den Bedingungen zu geben, unter welchen die einzelnen Reaktionen ablaufen. Aus Gründen der Platzersparnis sind die ungefähren Temperaturen sowie die Formeln von Reagentien und Lösungsmitteln in Klammern im Text oder über den Pfeilen in den Reaktionsgleichungen angegeben.

In einigen Reaktionsgleichungen findet man Pfeile, welche die Stelle oder alternative Stellen anzeigen, an welchen die Reaktion eintritt. Solche Pfeile sind kurz und dick (→), um Verwechslungen mit jenen gekrümmten Pfeilen (⌢) zu vermeiden, die zur Kennzeichnung der Verschiebung eines Elektronenpaares dienen.

6. Nomenklatur

Das Buch folgt dem in *Chemical Abstracts* verwendeten und von der IUPAC empfohlenen Nomenklatursystem soweit als möglich * (seltene Ausnahmen sind angegeben). Notwendige Regeln zur systematischen Nomenklatur und Beispiele für ihre Anwendung finden sich in diesem Abschnitt. Wichtige Trivialnamen werden am Beginn der einzelnen Kapitel angeführt.

Die in einem Ring vorhandenen Heteroatome werden durch Vorsilben gekennzeichnet: „Oxa", „Thia" und „Aza" bezeichnen Sauerstoff, Schwefel bzw. Stickstoff (das Endungs-„a" entfällt vor einem Vokal). Zwei oder mehr gleichartige Heteroatome werden durch „Dioxa", „Triaza" usw. bezeichnet, verschiedenartige Heteroatome durch Kombination der obigen Vorsilben in der Rangfolge O, S, N.

Ringgröße und Anzahl der Doppelbindungen werden durch die in der Tabelle angegebenen Endsilben gekennzeichnet **. Der Zustand maximaler Unsättigung ist definiert als die größtmögliche Anzahl nichtkumulierter Doppelbindungen (wobei O, S und N die Wertigkeiten 2, 2 und 3 besitzen). Teilweise gesättigte Ringe werden durch die Vorsilben „Dihydro", „Tetrahydro" usw. bezeichnet.

Die Numerierung beginnt bei einem Sauerstoff-, Schwefel- oder Stickstoff-Atom (so in abnehmender Rangfolge) und fährt dergestalt fort, daß die Heteroatome die niedrigst möglichen Ziffern erhalten.

---

* Eine ausführliche Diskussion findet man in *Chemical Abstracts*, Einführung in das Sachverzeichnis zu Band 56 (1962), und den folgenden jährlichen Revisionen; ferner im *Handbook for Chemical Society Authors*, Chemical Society, London 1961.
** Es gibt auch Endsilben für acht-, neun- und zehngliedrige Ringe. Sie sind bisher aber wenig benützt worden.

Ring-größe	Ringe mit Stickstoff			Ringe ohne Stickstoff		
	maximale Unsättigung	eine Doppel-bindung	gesättigt	maximale Unsättigung	eine Doppel bindung	gesättigt
3	-irin	—	-iridin	-iren	—	-iran
4	-et	-etin	-etidin	-et	-eten	-etan
5	-ol	-olin	-olidin	-ol	-olen	-olan
6	-in	—	—	-in	—	-an
7	-epin	—	—	-epin	—	-epan

Unter sonst gleichen Voraussetzungen beginnt die Bezifferung an einem substituierten statt einem mehrfach gebundenen Stickstoffatom.

Wenn in Verbindungen mit maximaler Anzahl von Doppelbindungen diese auf mehrere Weisen angeordnet werden können, so werden ihre Positionen dadurch angegeben, daß man die nicht mehrfach gebundenen Stickstoff- oder Kohlenstoffatome, die also ein „Extra"-Wasserstoffatom tragen, durch „1 H-", „2 H-" usw. kennzeichnet. In partiell gesättigten Verbindungen kann man die Positionen der Wasserstoffatome durch „1,2-Dihydro-" usw. festlegen (zusammen mit der „1 H"-Notation, falls notwendig). Alternativ kann man auch die Lage der Doppelbindungen bezeichnen, z.B. besagt „Δ^3-", daß zwischen den Atomen 3 und 4 eine Doppelbindung ist.

Ein positiv geladenes Ring-Stickstoffatom wird durch die Endsilbe „-onium" gekennzeichnet. Für die Bezeichnung positiv geladener Ring-Sauerstoff- und -Schwefelatome gibt es keine allgemeine Regel.

Die Nomenklatur zur Bezeichnung von Ring-Carbonylgruppen enthaltenden Verbindungen befindet sich in einem ziemlich konfusen Zustand. Die Gegenwart einer Ring-Carbonylgruppe wird durch die Nachsilbe „-on" und ihre Position durch eine Ziffer, z.B. „1-on", „2-on" usw., angegeben*. Die die Stellung der Carbonylgruppe kennzeichnende Ziffer wird entsprechend der gegenwärtigen Konvention in *Chemical Abstracts* direkt vor den Namen der Stammverbindung gesetzt, falls keine Ziffern zur Bezeichnung von Heteroatomen verwendet werden; wenn Ziffern in dieser Weise benützt werden, setzt man die Carbonyl-Ziffer direkt vor die Endsilbe. Verbindungen, die die Gruppen (30) oder (33) enthalten, werden häufig entweder als Derivate von (29) und (32) oder von (31) und (34) benannt; beide Systeme haben Vor- und Nachteile.

$$
\begin{array}{cccccc}
\diagdown CH_2 & \diagdown CO & \diagdown CH & \diagdown CH_2 & \diagdown CO & \diagdown CH \\
| & | & \| & | & | & \| \\
\diagup CH_2 & \diagup CH_2 & \diagup CH & \diagup NH & \diagup NH & \diagup N \\
29 & 30 & 31 & 32 & 33 & 34
\end{array}
$$

* Die Vorsilbe „Keto-" sollte mit Vorsicht verwandt werden; Carbonyl-Gruppen in Nachbarschaft zu Heteroatomen besitzen keinen Keton-Charakter.

Nach *Chemical Abstracts* „muß ein cyclisches Keton häufig nicht als durch Substitution der Stammverbindung selbst, sondern als aus einem ihrer Hydro-Derivate entstanden angesehen werden, doch ist es üblich, die Namen solcher funktioneller Derivate ausgehend von der Stammverbindung zu bilden". In der Praxis scheint *Chemical Abstracts* jedoch die Carbonyl-Gruppen enthaltenden Verbindungen nicht einheitlich zu behandeln. So wird (35) 2-Pyrazolin-5-on genannt, was von der Dihydro-Form der Stammverbindung, 2-Pyrazolin (36), abgeleitet ist, während der Name für (37), 2-(1 H)-Pyrazinon, von der aromatischen Verbindung Pyrazin (38) abgeleitet wurde.

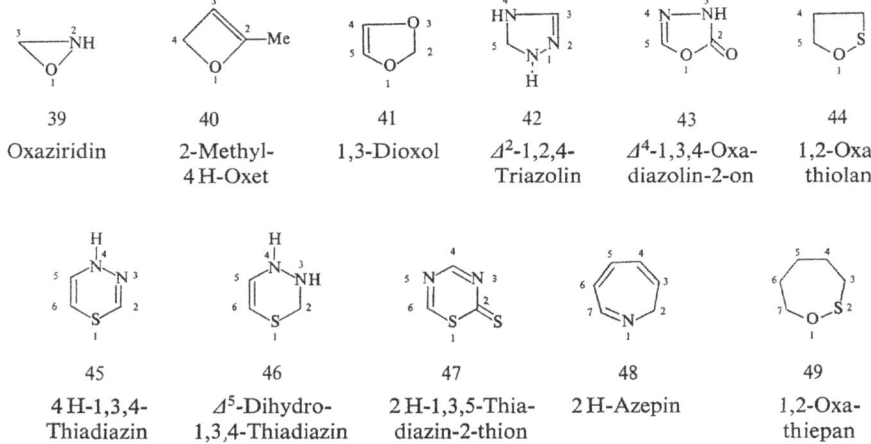

In diesem Buch wird versucht, den Gepflogenheiten in *Chemical Abstracts* zu folgen. Unglücklicherweise sind diese jedoch offensichtlich nicht hinreichend definiert. Anscheinend basieren die Namen fünfgliedriger Ringe auf den Strukturen (31) und (34), während diejenigen für sechsgliedrige Ringe sich auf (29) und (32) gründen. Die Position des Extra-Wasserstoffatoms wird, wenn nötig, durch die „1 H"-Nomenklatur angegeben.

Ring-C=S- und -C=NH-Gruppen werden durch die Endsilben „-thion" und „-onimin"* gekennzeichnet (vgl. „-on" für die C=O-Gruppe).

39	40	41	42	43	44
Oxaziridin	2-Methyl-4 H-Oxet	1,3-Dioxol	Δ^2-1,2,4-Triazolin	Δ^4-1,3,4-Oxa-diazolin-2-on	1,2-Oxa-thiolan

45	46	47	48	49
4 H-1,3,4-Thiadiazin	Δ^5-Dihydro-1,3,4-Thiadiazin	2 H-1,3,5-Thia-diazin-2-thion	2 H-Azepin	1,2-Oxa-thiepan

---

* Verbindungen, welche diese Gruppe enthalten, werden von *Chemical Abstracts* als Dihydro-imino-Derivate des Stamm-Ringsystems benannt.

Beispiele für die Anwendung dieser systematischen Nomenklaturregeln zeigen die Formeln (39) bis (49). Die komplizierten Beispiele wurden gewählt, da die einfacheren Ringsysteme gewöhnlich Trivialnamen besitzen (s. betr. Kapitel).

7. Die Literatur der heterocyclischen Chemie

Aus Raumgründen wird in diesem Buch auf die Zitierung von Originalliteratur verzichtet, doch sei eine Reihe wichtiger Sekundärliteratur angeführt, die sich vorwiegend mit der heterocyclischen Chemie befaßt.

a) *Advances in Heterocyclic Chemistry*, herausgegeben von KATRITZKY und verlegt bei Academic Press, ist eine Reihe, welche auf dem neuesten Stand befindliche Übersichtsartikel über die verschiedensten Themen aus diesem Gebiet zugänglich machen soll. Seit 1959, dem Beginn dieser Reihe, sind sieben Bände mit etwa 50 Übersichtsarbeiten erschienen. Für die Zukunft ist die Herausgabe von ein bis zwei Bänden pro Jahr geplant.

b) *Physical Methods in Heterocyclic Chemistry*, herausgegeben von KATRITZKY und verlegt bei Academic Press, erschien 1963 in zwei Teilen. In diesem Werk wird die Anwendung physikalischer Methoden auf heterocyclische Verbindungen diskutiert. Es bietet somit eine gute Ergänzung zu Kapitel 7 dieses Buches.

c) Übersichtsarbeiten zur Heterocyclen-Chemie findet man in der Reihe *Heterocyclic Compounds*, die von ELDERFIELD herausgegeben und bei Chapman & Hall Ltd., London, verlegt wird. Sieben Bände sind bisher erschienen: I, Monocyclische Verbindungen mit einem Heteroatom (1950); II, Polycyclische Verbindungen mit einem Ring-Sauerstoffatom (1951); III, Benzopyrrole (1952); IV, Benzopyridine (1952); V, Verbindungen mit zwei Heteroatomen in einem fünfgliedrigen Ring (1957); VI, Verbindungen mit zwei Heteroatomen in einem sechsgliedrigen Ring (1957); VII, Polycyclische Verbindungen mit zwei Heteroatomen in verschiedenen Ringen, fünf- und sechsgliedrige Heterocyclen mit drei Heteroatomen (1961). Ein weiterer Band ist in Vorbereitung.

d) *The Chemistry of Heterocyclic Compounds*, herausgegeben von WEISSBERGER und verlegt bei Wiley (Interscience), soll den Gegenstand in 28 Bänden behandeln, ist aber noch unvollständig. Bis Dezember 1966 waren 20 Bände erschienen, davon einige in mehreren Teilen (Erscheinungsdatum und Autor in Klammern): Die heterocyclischen Derivate von P, As, Sb, Bi und Si (1950, MANN); Sechsgliedrige heterocyclische Stickstoffverbindungen mit vier kondensierten Ringen (1951, ALLEN); Thiophene (1952, HARTOUGH); Fünfgliedrige heterocyclische Verbindungen mit N und S oder N, S und O (außer Thiazol) (1952, BAMBAS); Kondensierte Pyridazin- und Pyrazinringe (1953, SIMPSON); Imidazole, Teil I (1953, HOFMANN); Kondensierte Thiophene (1954, HARTOUGH und MEISEL); Indole und Carbazole (1954, SUMPTER und MILLER); Acridine (1956, ACHESON); 1,2,3- und 1,2,4-Triazine, Tetrazine und Pentazine (1957, ERICKSON, WILEY und WYSTRACH); Phenazine (1957, SWAN und FELTON); Sechsgliedrige heterocyclische Stickstoffverbindungen mit drei kondensierten Ringen (1958, ALLEN); S-Triazine (1959, RAPOPORT und SMOLIN); Pyridin und seine Derivate (Teil I, 1960; Teil II, 1961; Teil III, 1962; Teil IV, 1964; KLINGSBERG); Heterocyclische Verbindungen mit Brückenkopf-Stickstoffatomen (Teil I und II, 1961, MOSBY); Pyrimidine (1962, BROWN); Fünf- und sechsgliedrige Verbindungen mit Stickstoff und Sauerstoff (außer Oxazolen) (1962, WILEY); Cyanin-Farbstoffe und verwandte Verbindungen (1963, HAMER); Drei- und viergliedrige Ringe (Teil I und II, 1964, WEISSBERGER); Pyrazolone, Pyrazolidone und Derivate (1964, WILEY und WILEY).

e) Band 4 von *The Chemistry of the Carbon Compounds*, herausgegeben von RODD und verlegt bei Elsevier, der in drei Teilen erschienen ist, gibt einen umfassenden Überblick über die heterocyclische Chemie.

f) Zusätzlich zu den obengenannten Reihen, die das Gebiet weitgehend erfassen, sind zahlreiche Themen in Monographien und Übersichtsartikeln behandelt worden. In einem Kapitel in Band 6 von *Advances in Heterocyclic Chemistry* (s. oben) sind diese Sekundärquellen nach ihrem Gegenstand zusammengestellt.

Kapitel 2

Sechsgliedrige Ringe mit einem Heteroatom

I. Nomenklatur und wichtige Verbindungen

1. Monocyclische, Stickstoff enthaltende Verbindungen

a) Nomenklatur. Die systematische Nomenklatur ist in den Formeln (1) bis (7) wiedergegeben. Die Ringpositionen werden durch arabische Ziffern oder seltener durch griechische Buchstaben angezeigt [vgl. (1)].

1	2	3	4
Pyridin	Pyridinium-Ion	2-Pyridon, 2-(1H)-Pyridon oder 1,2-Dihydro-2-oxopyridin	4-Pyridon

5	6	7
1,2-Dihydro-pyridin	1,2,3,6-Tetrahydropyridin	Piperidin

Die Mono-, Di- und Trimethylpyridine nennt man gewöhnlich Picoline, Lutidine bzw. Collidine. Das spezielle Isomere wird aus der Bezifferung kenntlich, z.B. 2,6-Lutidin. Picolin-, Nicotin- und Isonicotinsäure sind die Trivialnamen für die 2-, 3- bzw. 4-Pyridincarbonsäure.

b) Vorkommen. Der Kohlenteer und das Knochenöl enthalten Pyridin, Picoline, Lutidine und Collidine. Nicotinamid (8) und Pyridoxin (9) sind Pyridin-Derivate, die eine wichtige Rolle im Stoffwechsel spielen, während Nicotin (10) als ein Beispiel für die Pyridin-Pyrrolidin-Klasse der Alkaloide genannt sei.

8	9	10	11
Nicotinamid	Pyridoxin	Nicotin	Isoniazid
(Vitamin-B-Komplex)	(Vitamin B$_6$)	(Tabak)	(Tuberkulostaticum)

c) Verwendung. Pyridin wird als Lösungsmittel und als Zwischenprodukt bei Synthesen verwendet. Einige Pyridin- und Piperidin-Derivate werden pharmazeutisch angewandt, so das Isoniazid (11).

2. Benzopyridine

Die Benzopyridine und ihre Nomenklatursysteme zeigen die Formeln (12) bis (15). Wichtige Trivialnamen sind Chinaldin und Leptidin für das 2- bzw. 4-Methylchinolin und Carbostyril für 2-Chinolon.

12	13
Chinolin	Acridin *

14	15
Phenanthridin *	Isochinolin

Die Stammverbindungen dieser Heterocyclen-Gruppe und einige niedere Homologe kommen im Steinkohlenteer vor. Zahlreiche wichtige Alkaloide enthalten Benzopyridin-Kerne; beispielsweise findet man

* Für Acridin und Phenanthridin werden in der Literatur häufig auch die folgenden Numerierungssysteme verwendet:

Chinolin- und Isochinolin-Ringsysteme im Chinin [(16), Y = OMe] bzw. im Papaverin (17). Acriflavin (18) und Mepacrin (19) sind Dibenzopyridin-Derivate, die als Chemotherapeutica verwendet werden.

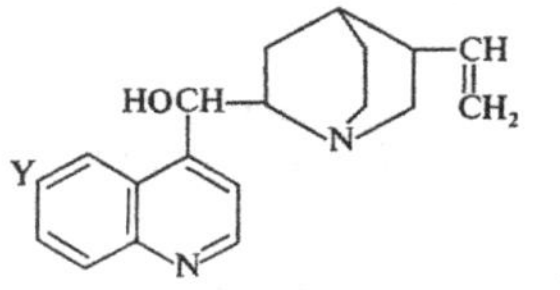

16

Y = H: Cinchonin
Y = OMe: Chinin

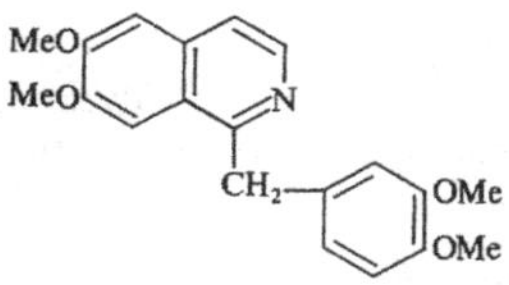

17

Papaverin

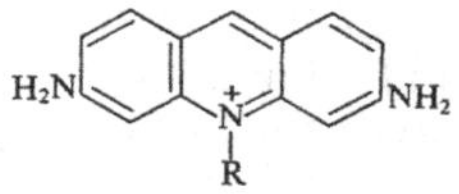

18

Acriflavin (Antisepticum),
Gemisch mit R = H und Me

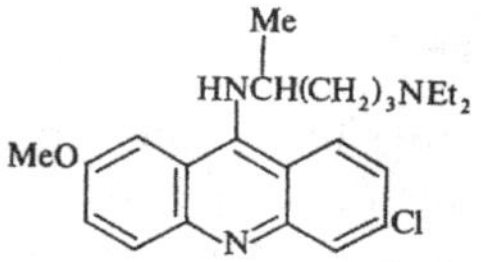

19

Mepacrin, Atebrin oder Chinacrin
(Antimalariamittel)

3. Monocyclische, Sauerstoff und Schwefel enthaltende Verbindungen

a) Nomenklatur. Die „aromatischen" sauerstoffhaltigen Kerne sind das Pyrylium-Ion und 2- und 4-Pyron [(20) bis (22)]. Entsprechende schwefelhaltige Kerne sind das Thiopyrylium-Ion sowie das 2- und 4-Thiopyron. Aus Wertigkeitsgründen ist die Existenz eines ungeladenen Sauerstoff-Analogons von Pyridin selbst nicht möglich, während Schwefel-Analoga dieses Typs kürzlich dargestellt wurden [z.B. (23)].

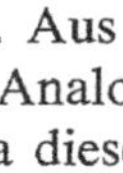

20	21	22	23
Pyrylium-Kation	4-Pyron, γ-Pyron oder 4-Pyranon	2-Pyron oder α-Pyron	

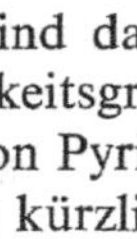

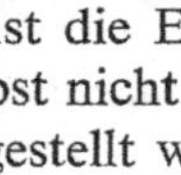

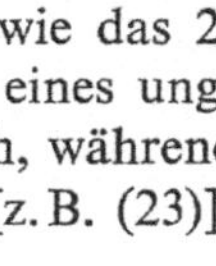

Die ungeladenen Stammringsysteme mit zwei Doppelbindungen werden Pyran bzw. Thiopyran genannt. Die Lage des „Extra"-Wasserstoffatoms muß angegeben werden, um zwischen den beiden Isomeren unterscheiden zu können [vgl. (24) und (25)]. Zwei Dihydropyrane [(26), (27)]

14

bzw. -thiopyrane sind möglich; zur Kennzeichnung der einen Doppel-bindung verwendet man die „Delta"-Notation. Die total hydrierten Derivate nennt man Tetrahydropyran bzw. -thiopyran.

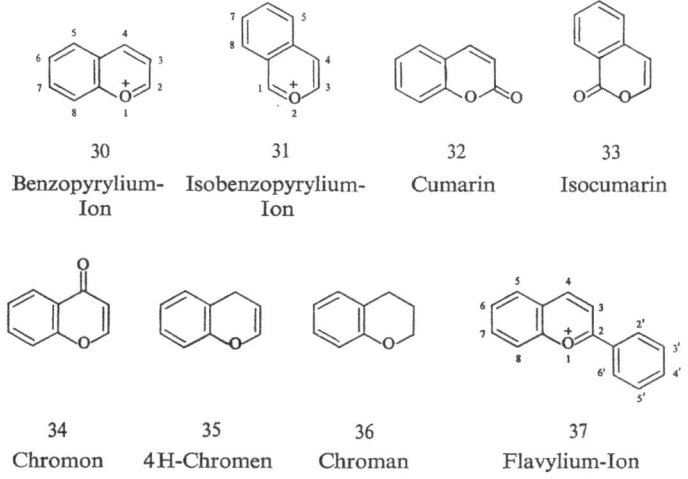

24	25	26	27
[2H]-Pyran	[4H]-Pyran	Δ^2-Dihydropyran	Δ^3-Dihydropyran
oder α-Pyran	oder γ-Pyran		

b) Vorkommen. Pyrone kommen als Naturprodukte vor [z.B. Koji-säure (28)]. Zucker, die einen sechsgliedrigen Tetrahydropyran-Ring ent-halten (29), werden Pyranosen genannt.

28
Kojisäure

29
Pyranose

4. Monobenzopyrone und -pyryliumsalze

a) Nomenklatur. Wichtige Monobenzo-Derivate, ihre Trivialnamen sowie die Bezifferungssysteme für die 2,3- und 3,4-Benzo-Reihe sind in den Formeln (30) bis (36) wiedergegeben. Ein weiteres Nomenklatur-

30	31	32	33
Benzopyrylium-	Isobenzopyrylium-	Cumarin	Isocumarin
Ion	Ion		

| 34 | 35 | 36 | 37 |
| Chromon | 4H-Chromen | Chroman | Flavylium-Ion |

15

system wird für die 2- und 3-Phenyl-Derivate (37) bis (41) benützt, die eine wichtige Klasse von Pflanzenpigmenten darstellen.

38	39	40	41
Flavon	Flavanon	Flavan	Isoflavon

b) Vorkommen. Wichtige Derivate dieser bicyclischen Systeme sind als Naturstoffe bekanntgeworden, so das Vitamin E (42). Naturstoffe, die sich von den phenylierten Kernen (37) bis (41) herleiten, sind besonders weit verbreitet. Die Anthocyanidine, Polyhydroxyflavylium-Salze [vgl. (37)], sind die Aglykone der Anthocyanine, natürlich vorkommender glykosidischer Pigmente, welche vielen Blumen und Früchten strahlend blaue oder rote Farbtöne verleihen. Die gelben oder braunen Pigmente von Holz, Zellsaft usw. sind Polyhydroxy-Derivate von (38) bis (41), in denen ein Teil der Hydroxyl-Gruppen methyliert oder an Zuckerreste gebunden sein kann. Die folgende Zusammenstellung der Positionen, an denen Sauerstoff-Funktionen vorkommen, läßt eine ausgeprägte Ähnlichkeit erkennen, welche auf gemeinsame biogenetische Synthesewege hinweist.

Pigment-Typ	Stellung von Hydroxyl-, Methoxyl- oder Glykosyl-Gruppen in natürlich vorkommenden Pigmenten		
	üblich	häufig	selten
Anthocyanin	3, 5, 7, 4′	3′, 5′	—
Flavon	3, 5, 7, 4′	6, 8, 3′	2′, 5′
Isoflavon	5, 7, 4′	—	6, 2′, 3′
Flavanon	5, 7, 4′	3, 3′	6, 8, 2′, 5′
Flavan	3, 5, 7, 4′	2, 4, 3′	5′

5. Dibenzopyrone und -pyryliumsalze

Die Muttersubstanzen, ihre Namen und Bezifferungssysteme zeigen die Formeln (44) bis (46).

42	43
Vitamin E	Fluorescein

Der bekannte Farbstoff Fluorescein (43) ist ein Xanthen-Derivat. Eosin, das Natriumsalz des 2,4,5,7-Tetrabromfluoresceins, wird als Adsorptionsindikator für die argentometrische Titration von Halogeniden usw. verwendet.

	44	45	46
	Xanthylium-Ion	Xanthon *	Xanthen

II. Ringsynthesen

A. Allgemeiner Überblick

Ganz allgemein sind Synthesen, bei denen in den letzten Stufen eine C−Z-Bindung gebildet wird, für die Darstellung monocyclischer Verbindungen von größerer Bedeutung, während Synthesen, bei denen in der letzten Stufe eine C−C-Bindung gebildet wird, für die Benzoderivate wichtig sind. Findet der Ringschluß durch die Bildung einer C−Z-Bindung statt, so muß das Ausgangsmaterial oder Reaktionszwischenprodukt eine Kette aus fünf Kohlenstoffatomen enthalten. Wie ungesättigt das heterocyclische Produkt ist, hängt von der Art dieser Kette ab:

Pent-2-en-1,5-dione oder Pentan-1,3,5-trione führen zu aromatischen Produkten [(47)→(48); (49)→(50)];

Pentan-1,5-dione ergeben Dihydro-Verbindungen [(51) → (52)] (die manchmal in situ oxidiert werden);

* Der von *Chemical Abstracts* bevorzugte Name ist 9-Xanthenon.

andere 1,5-disubstituierte Pentan-Derivate sowie bestimmte Cyclopentane liefern Tetra- oder Hexahydro-Produkte [(53, 55) → (54)].

Von den Synthesen, bei denen eine C — C-Bindung entsteht, sind die unter Bildung der $C_3 - C_4$-Bindung verlaufenden [(56) → (57)] wichtiger als jene, bei denen eine $C_2 - C_3$-Bindung entsteht [(58) → (57)]. Von den Umsetzungen dieses Typs verlaufen mehrere wichtige Ringschlußreaktionen über die Reaktion einer Carbonyl-Gruppe mit einem aromatischen Ring [(59) → (60); (61, 63) → (62)].

Vom praktischen Standpunkt aus sind die wichtigsten von acyclischen Ausgangssubstanzen ausgehenden synthetischen Methoden die folgenden:

Verbindung	Name der Synthese	Näheres in Abschnitt	Reaktionstyp
Pyridine Dihydropyridine }	Hantzsch	2.II.B.1.b	(51) → (52)
Piperidine, Tetrahydro- pyrane	—	2.II.B.4	(56) → (57)
Chinoline, am Benzol- ring substituiert	Skraup	2.II.C.2.b	(59) → (60)
Chinoline, am Pyridin- ring substituiert	Friedlaender u. Pfitzinger	2.II.C.1.a.1 und 2	(47) → (48)
Chinolone	β-Ketoester	2.II.C.2.a	(59) → (60)
3,4-Dihydroisochinoline	Bischler-Napieralski	2.II.D.b.1	(61) → (62)
Tetrahydroisochinoline	Pictet-Spengler	2.II.D.b.3	(58) → (57)
Isochinoline	Pomeranz-Fritsch	2.II.D.c	(63) → (62)
Acridine	Bernthsen usw.	2.II.C.2.c.2	(59) → (60)
Phenanthridine	—	2.II.D.b.3	(61) → (62)
Pyrone Thiopyrone }	—	2.II.B.3	(49) → (50)
Pyryliumsalze	—	2.II.B.2	(47) → (48)
Cumarine Chromone }	Kostanecki-Robinson	2.II.C.1.a.4	(47) → (48)
Chromone	Simonis	2.II.C.2.a.2	(59) → (60)
Cumarine	von Pechmann	2.II.C.2.a.2	(59) → (60)

An dieser Stelle sollen auch Hinweise auf Herstellungsmethoden dieser Ringsysteme aus anderen heterocyclischen Verbindungen gegeben werden:

Verbindungsklasse	Ausgangsmaterial
Pyridine	Di- und Tetrahydropyridine (2.V.A.b, 2.V.B.a), Pyrrole (4.III.C.1.c.4)
Pyridiniumsalze	Pyridine (2.III.B.3.a)
Pyridin-1-oxyde	Pyridine (2.III.B.5)
Pyridone	Pyrone (2.III.D.2.c), Pyridine (2.III.D.1.a), Pyridin-1-oxyde (2.IV.B.1), Pyridiniumverbindungen (2.III.D.1.b.1), und Halogen- (2.IV.A.5.1), Amino- (2.IV.A.7.b.4) und Alkoxypyridine (2.IV.A.6.a)
Dipyridyle	Pyridine (2.III.E.3)
Dihydropyridine	Pyridine (2.III.D.6), Pyridiniumsalze (2.III.D.6)
Tetrahydropyridine	Pyridine (2.III.D.6)
Piperidine	Pyridine (2.III.D.6)
Pyrone	Pyryliumsalze (2.III.D.1.d)
Pyrylium- und Benzo- pyryliumsalze	Pyrone (2.IV.A.6.d.1)
Chinoline	Dihydrochinoline (2.V.A.b)
Isochinoline	Dihydroisochinoline (2.V.A.b)
Carboline	Indole (4.III.B.7.d.3)

B. Darstellung monocyclischer Verbindungen (Pyridine, Pyridone, Pyryliumsalze usw.)

1. Aus Pentan-1,5-dionen

a) Allgemeines. Pentan-1,5-dione (66) können Ringschlußreaktionen unter Bildung von Pyranen (69) oder in Gegenwart von Ammoniak unter Bildung von Dihydropyridinen (67) eingehen. Die oxydative Aromatisierung dieser Produkte tritt so leicht ein (vgl. Abschnitt 2.V.A.b), daß sie häufig vor der Isolierung erfolgt, wobei ein Pyryliumsalz (70) oder ein Pyridin (68) entsteht.

Das Pentan-1,5-dion wird gewöhnlich in situ durch Reaktionen vom Typ der Aldol- oder Michael-Kondensation erzeugt [(64) → (65) → (66)]. So führt Acetaldehyd [(64), R = H, R' = Me] mit Ammoniak zu 4-Picolin und 3-Äthyl-4-methylpyridin, indem die Zwischenstufe (71) gebildet wird, die mit einem weiteren Molekül CH$_3$CHO kondensiert und anschließend umgelagert wird. Ferner entstehen bei dieser Reaktion 2-Picolin und 5-Äthyl-2-methylpyridin über die Zwischenstufe (72).

b) Die Hantzsche Pyridin-Synthese. Hierbei handelt es sich um eine Reaktion vom Typ (64), bei welcher die Methylen-Gruppen durch Ester-Gruppen stärker aktiviert sind, so daß bessere Ausbeuten erhalten werden. Bei der einfachsten Form der Hantzschen Synthese werden zwei Moleküle eines β-Ketoesters mit einem Molekül eines Aldehyds und einem Molekül Ammoniak kondensiert [z. B. (73) → (74)].

Auch Verbindungen, die durch Kondensation von Ammoniak mit einer der Carbonyl-Komponenten entstehen, lassen sich zur Hantzschen Synthese verwenden. So kann β-Aminocrotonester (75) das Ammoniak und ein Molekül Acetessigester in (73) ersetzen.

2. Aus Pent-2-en-1,5-dionen

Der Ringschluß von Glutacondialdehyd (77) mit den angegebenen Reagentien führt zu Pyridin (76), Pyridin-1-oxyd (80) sowie zu den Pyridinium- (79) und Pyrylium-Kationen (78). Substituierte Glutacondialdehyde und verwandte Diketone reagieren analog. Ist eine der Carbonyl-Gruppen Bestandteil einer Carboxyl-Gruppe oder einer modifizierten Carboxyl-Gruppe, so erhält man α-Pyridone und α-Pyrone.

Pent-2-en-1,5-dione lassen sich in situ herstellen (gewöhnlich durch eine Reaktion vom Typ der Aldolkondensation) und anschließend cyclisieren. So gibt Apfelsäure (Hydroxybernsteinsäure) mit Schwefelsäure den Carboxyacetaldehyd (81), der spontan zu Cumalinsäure (82) cyclisiert.

Die Umwandlung von Pyrylium-Kationen in Pyridine, Pyridinium-Kationen und Thiopyrylium-Kationen sowie von α-Pyronen in α-Pyridone durch Ammoniak, Amine und Sulfid-Ionen (vgl. Abschnitt 2.III.D.2.c) verläuft über offenkettige Zwischenstufen vom Typ (77).

3. Aus Pentan-1,3,5-trionen

Der Ringschluß von Verbindungen des Typs (83) liefert unter Dehydratisierung γ-Pyrone [(84), Z = O] bzw. bei Einwirkung von Ammoniak γ-Pyridone [(84), Z = NH].

4. Aus anderen 1,5-disubstituierten Pentanen

Die hier zu erwähnenden Methoden sind häufig den in der Fünfring-Reihe (vgl. Abschnitt 4.II.2.a) verwendeten Synthesen analog. Wie in den Formeln (85) bis (98) angegeben, lassen sich Standardmethoden der aliphatischen Chemie zu folgenden Ringschlußreaktionen erweitern:

1. Piperidine, Tetrahydropyrane und Pentamethylensulfide [(87), Z = NH, O, S].

2. Δ^1-Tetrahydropyridine (92) sowie Δ^2-Dihydropyrane und -thiopyrane [(93), Z = O, S].

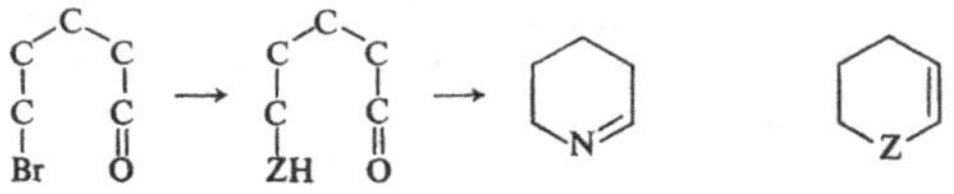

90   91   92   93

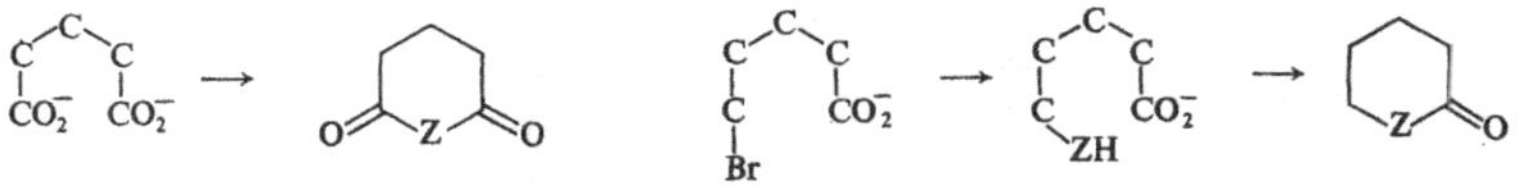

94   95   96   97   98

3. Glutarimide, Glutarsäureanhydride und Glutarsäure-thioanhydride [(95), Z = NH, O, S].

4. δ-Lactame, δ-Lactone und δ-Thiolactone [(98), Z = NH, O, S].

5. Methoden mit C—C-Bindungsbildung

Zahlreiche übliche Standardmethoden zur Bildung von C—C-Bindungen in aliphatischen Systemen können auf heterocyclische Systeme erweitert werden; genannt seien hier als Beispiele die Dieckmann-Reaktion [vgl. (99) → (100)] und die Alkylierung aktiver Methylen-Verbindungen.

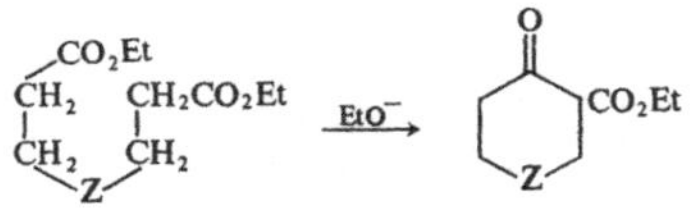

99   100

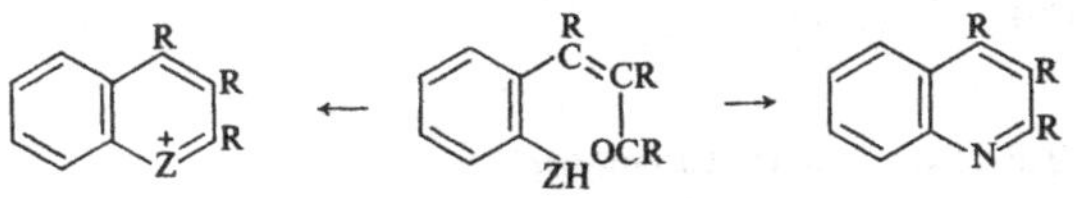

101   102   103

C. Darstellung von 2,3-Benzoderivaten (Chinolinen, Chinolonen, Chromanen usw.)

1. Ringschluß o-substituierter Aniline oder Phenole

a) o-Substituierte Cinnamoyl-Derivate. ortho-Substituierte Benzole vom Typ [(102), Z = O, S, NH] können Ringschlußreaktionen eingehen [(102) → (101), (103)]. Amino-Derivate [(102), Z = NH], die gewöhnlich spontan cyclisieren, werden häufig in situ durch Reduktion der entsprechenden Nitroverbindungen gewonnen. Beispielsweise ergibt *o*-Nitrozimtsäure mit (NH₄)₂S 2-Chinolon.

Bei einigen wichtigen Reaktionen wird die Zwischenstufe (102) in situ durch eine Aldolkondensation erzeugt:

1. Friedlaender-Synthese von Chinolinen aus *o*-Aminobenzaldehyden und Ketonen [z. B. (104) → (105)].

2. Pfitzinger-Synthese von Chinolin-4-carbonsäuren aus einem Keton und Isatinsäure, die in situ aus Isatin entsteht [z. B. (106) → (107)].

3. Darstellung von Benzopyrylium-Ionen aus Ketonen und *o*-Acyl-phenolen [(109) → (108).]

4. Kostanecki-Robinson-Synthese, die zu Cumarinen [(109)→(110)] oder Chromonen [(111) → (112)] führen kann.

b) Andere o-substituierte Benzole. Zahlreiche Standardreaktionen der aliphatischen Chemie lassen sich zu Synthesen verwenden. Beispielsweise können Chromane durch Ringschluß von (113, Y = CH₂OH) und Flavanone (116) durch Cyclisierung von (115) erhalten werden.

2. Bildung einer C—C-Bindung durch Reaktion einer Carbonyl-Gruppe oder Äthylen-Doppelbindung mit einem Benzolring

Diese Reaktionen verlaufen über den elektrophilen Angriff an einem Benzolring, der durch das Heteroatom aktiviert ist [wie z. B. in (117)].

a) Chinolone und Benzopyrone

1. Aniline und β-Ketoester (118) liefern entweder Schiffsche Basen (121) oder beim Erhitzen die langsamer entstehenden, aber stabileren Amide (119). Die Cyclisierung des Amids (119) ergibt 2-Chinolon (120), während die Schiffsche Base (121) in das 4-Chinolon (122) übergeführt wird.

2. Phenole und β-Ketoester (124) führen unter den angegebenen Bedingungen entweder zu Cumarinen (123) (von Pechmann-Reaktion) oder zu Chromonen (125) (Simonis-Reaktion).

3. Thiophenole und β-Ketoester geben unter der Einwirkung von P_2O_5 Thiochromone.

b) Chinoline. Bei den nachstehend tabellierten Reaktionen folgen auf die Michael-Addition eines primären aromatischen Amins an einen α,β-

24

ungesättigten Aldehyd oder Keton (in situ hergestellt) eine Cyclisierung sowie die Oxydation des intermediär entstandenen Dihydrochinolins zum Chinolin [(126) → (129)].

Name der Reaktion	Ausgangs-material	Kataly-sator	Intermediäre Carbonyl-Verbindung	Oxydationsmittel
Skraup	Glycerin	H_2SO_4	$CH_2{=}CH{-}CHO$	As_2O_5, m-Nitro-benzolsulfonsäure oder d. dem Amin entspr. Nitro-Verb.
Doebner-von Miller	RCHO und $R'CH_2CHO$	$ZnCl_2 -$ $-HCl$	$RCH{=}CR'{-}CHO$	Schiffsche Base aus RCHO u. Amin
Baeyer	RCHO und $R'CH_2COR$	HCl, 20 °C	$RCH{=}CR'{-}CO{-}R$	
Riehm	$R{-}CO{-}R$ und $R'CH_2{-}CO{-}R$	HCl, 200 °C	$\underset{R'}{\overset{R}{\diagdown}}C{=}CR'{-}CO{-}R$	Keines (RH-Ab-spaltung aus dem Produkt *)

* Dihydrochinoline (z. B. 128, R = Me) lassen sich isolieren.

c) Dibenzoderivate. Analoge Reaktionen wie die in Abschnitt 2.II.C.2.a angegebenen führen auch zu tricyclischen Verbindungen:

1. *o*-Anilino-benzoesäuren (131) ergeben 9-Chloracridine (130) und Acridone (132).

2. Bei der Bernthsen-Synthese reagiert ein Diphenylamin mit einer Carbonsäure zu einem 9-substituierten Acridin [(133) → (135)].

3. Phenanthridine lassen sich durch photochemische Dehydrierung von Azomethinen erhalten [(136)→(137)].

136   137

D. Darstellung von 3,4-Benzoderivaten (Isochinolinen usw.)

a) Ringschluß disubstituierter Benzole. Homophthalaldehyd (138) liefert bei Reaktion mit NH_3, NH_2OH, H^+ oder RNH_2 Isochinolin, Isochinolin-2-oxyd, 3,4-Benzopyrylium-Salze oder 2-Alkyl- bzw. 2-Arylisochinolinium-Salze [(138) → (139)].

138   139   140   141

b) Ausgehend von einem β-Phenäthylamin. Bei den folgenden Reaktionen, die durch Säuren katalysiert werden, führt die Kondensation der Carbonylgruppe eines Amids mit einem Benzolring zu einem heterocyclischen Kern:

1. Bischler-Napieralski-Synthese von 3,4-Dihydro-isochinolinen (141) aus acylierten 2-Phenäthylaminen (140).

2. Pictet-Gams-Synthese von Isochinolinen aus N-acylierten 2-Hydroxy-phenäthylaminen; z.B. (142)→Papaverin (143).

142   143

3. Darstellung von Phenanthridinen aus acylierten 2-Aminobiphenylen (144).

Bei der Pictet-Spengler-Synthese von Tetrahydroisochinolinen [(145)→ (146)] verwendet man eine Reaktion vom Mannich-Typ.

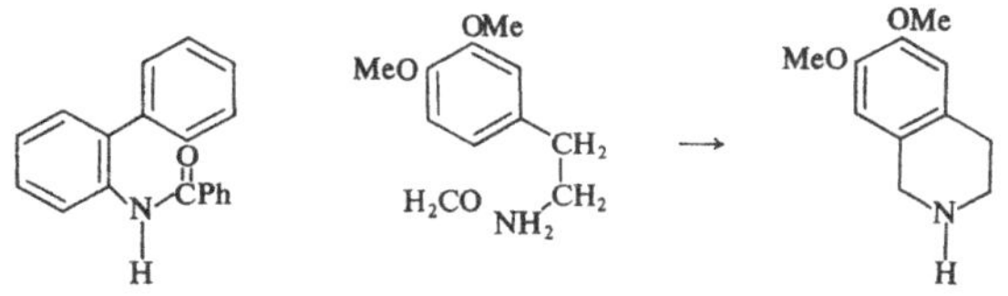

144   145   146

c) Ausgehend von einem Benzylamin. Die wichtigste Kondensation vom Typ (147) ist die Pomeranz-Fritsch-Synthese von Isochinolinen, z. B. PhCHO + NH$_2$CH$_2$CH(OEt)$_2$ bei 100 °C→(148)→(149).

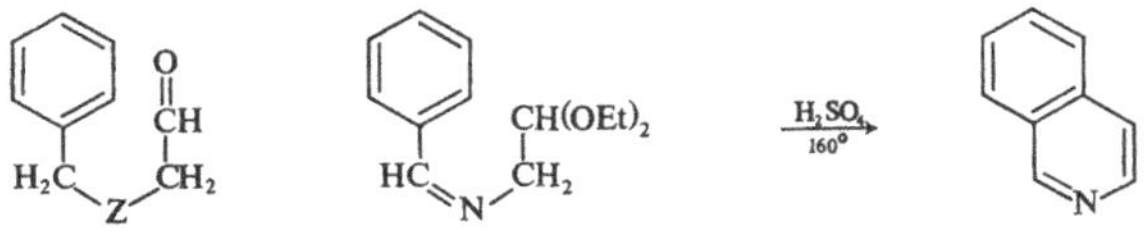

147   148   149

III. Reaktionen der aromatischen Kerne

A. Allgemeiner Überblick über die Reaktivität

In diesem Abschnitt vergleichen wir die Reaktionsfähigkeit wichtiger heterocyclischer aromatischer Ringe mit ihrem auf Grund der Elektronentheorie zu erwartenden Verhalten. Ferner sollen die Reaktionen der heteroaromatischen Systeme den analogen Reaktionen aliphatischer und aromatischer Verbindungen gegenübergestellt werden. Alle genannten Reaktionen werden in anschließenden Abschnitten eingehender behandelt.

1. Pyridine

a) Reaktionen elektrophiler Reagentien am Ring-Stickstoffatom. Das einsame Elektronenpaar am Stickstoffatom von Trimethylamin und anderen tertiären Aminen reagiert unter milden Bedingungen mit elektrophilen Reagentien:

1. Protonensäuren geben Salze.
2. Lewis-Säuren bilden Koordinationsverbindungen.
3. Übergangsmetall-Ionen liefern Komplexionen.
4. Reaktive Halogenverbindungen ergeben quartäre Ammoniumsalze.
5. Halogene bilden Addukte.
6. Gewisse Oxydationsmittel führen zu Aminoxyden.

Pyridine reagieren mit diesen elektrophilen Reagentien analog am einsamen Elektronenpaar des Stickstoffatoms (150) (vgl. Abschnitt 2.III.B).

$$150 \qquad 151 \qquad 152 \qquad 153$$

b) Reaktionen elektrophiler Reagentien an einem Ring-Kohlenstoffatom. Benzol reagiert mit elektrophilen Reagentien erst unter erheblich schärferen Bedingungen, z.B. bei der Nitrierung (NO_2^+), Sulfonierung (SO_3H^+), Halogenierung (JCl_3) und bei Friedel-Crafts-Reaktionen. Benzole mit einem elektronenanziehenden Substituenten (wie SO_3H oder NO_2) gehen elektrophile Substitutionen nur in der *m*-Stellung und unter noch extremeren Bedingungen ein, und einige Reaktionen, so die Friedel-Crafts-Reaktion, finden überhaupt nicht mehr statt.

Wird im Benzol eine CH-Gruppe durch ein Stickstoffatom ersetzt, so ist das gleichbedeutend mit der Einführung einer elektronenanziehenden Gruppe (Stickstoff ist elektronegativer als Kohlenstoff); demnach sollte Pyridin selbst in der 3-Stellung substituiert werden (vielleicht ungefähr so gut wie Nitrobenzol). Der Ersatz einer CH-Gruppe in Benzol durch ein positiv geladenes Stickstoffatom sollte das Reaktionsvermögen noch weiter herabsetzen, so daß Pyridinium-Ionen reaktionsträger als Pyridin sein müßten. Elektrophile Reagentien reagieren leicht am Pyridin-Stickstoffatom, und in den stark sauren Medien, wie man sie zur Nitrierung usw. benützt, ist die Umwandlung in das Kation praktisch vollständig. Aus diesem Grunde lassen sich Pyridine nur schwierig und bei hohen Temperaturen nitrieren und sulfonieren (vgl. Abschnitte 2.III.C.1 und 2).

Die Halogenierung von Pyridinen (vgl. Abschnitt 2.III.C.3) gelingt leichter, wahrscheinlich weil die Reaktion an der freien Base erfolgt. Zur Dihalogenierung kommt es, weil das erste Halogenatom nur eine geringfügige Desaktivierung des Rings verursacht. Der Verlauf dieser Reaktionen wird durch (151)→(152)→(153) beschrieben; Pyridin ist ein hocharomatisches System und nimmt daher sein ursprüngliches ungesättigtes System wieder an. Die Bestimmung der Resonanzenergie von Heterocyclen durch Verbrennung ist zwar schwierig, aber jüngste Ergebnisse zeigen, daß die Resonanzenergie des Pyridins etwas kleiner als die von Benzol ist.

c) Reaktionen nucleophiler Reagentien an Ring-Kohlenstoffatomen. Der durch das Stickstoffatom ausgeübte Elektronenzug erlaubt den Angriff nucleophiler Reagentien in der α-Stellung von Pyridinen (154). Benzol

28

reagiert nicht nach diesem Reaktionstyp. Die Bildung des Primäraddukts (155) bedeutet jedoch eine Desaromatisierung des Pyridin-Rings, weshalb das gebildete Addukt zur Rearomatisierung durch Dissoziation [(155)→(154)] neigt.

Nur sehr stark nucleophile Reagentien (z. B. NH_2^-, LiR, $LiAlH_4$, Na in NH_3 sowie bei hohen Temperaturen OH^-) reagieren in nennenswertem Ausmaß (vgl. die Abschnitte 2.III.D.1–5). Die kleine Adduktmenge vom Typ (155), die durch Addition von Amid- oder Hydroxyd-Ionen entsteht, kann auch durch Abspaltung eines Hydrid-Ions rearomatisieren, so daß die Reaktion allmählich vollständig abläuft [(155)→(156)]. Die durch Addition von Hydrid-Ionen (von $LiAlH_4$) oder Carbanionen (von LiR) gebildeten Addukte sind stabiler. Bei niedrigen Temperaturen werden sie durch Addition eines Protons in Dihydropyridine (157) verwandelt, während bei höheren Temperaturen Rearomatisierung durch Abspaltung eines Hydrid-Ions eintritt.

| 154 | 155 | 156 | 157 | 158 | 159 |

d) Angriff freier Radikale an einem Ring-Kohlenstoffatom. Die folgenden Reaktionstypen gehören wahrscheinlich in diese Kategorie:

1. Aryl-Radikale greifen nichtselektiv in α-, β- und γ-Stellung an, analog wie in der Benzolchemie.

2. Halogenatome reagieren offenbar bevorzugt in α-Stellung.

3. Alkyl-Radikale greifen die α- und γ-Stellung an.

4. Bestimmte Metalle (z. B. Na, Zn) addieren ein Elektron an Pyridin unter Bildung des Radikal-Ions (158↔159), das durch Reaktion in α- oder γ-Stellung dimerisieren kann. Die Dimeren gehen unter Abspaltung von Hydrid-Ionen in Dipyridyle über. Diese Dimerisationen sind denen der Radikalionen $R_2\dot{C}-O^-$ analog, die als Zwischenstufen bei der Reduktion von Ketonen zu Pinakolen auftreten.

5. Pyridine lassen sich katalytisch und chemisch leichter als Benzole reduzieren.

2. Pyridinium-, Pyrylium- und Thiopyrylium-Kationen

a) Reaktion mit elektrophilen Reagentien. Die positive Ladung verhindert die Reaktion elektrophiler Reagentien am Heteroatom und desaktiviert die Ring-Kohlenstoffatome stark. Eines der seltenen Beispiele für den elektrophilen Angriff an einem Ring-Kohlenstoffatom ist die

Nitrierung des 1,2,4,6-Tetramethylpyridinium-Ions zum entsprechenden 3-Nitro-Derivat.

b) Reaktionen mit nucleophilen Reagentien an einem Ring-Kohlenstoffatom. Die positive Ladung erleichtert den Angriff nucleophiler Reagentien in α- oder γ-Stellung zum Heteroatom [z.B. (160)]. Hydroxyd-, Alkoxyd-, Sulfid-, Cyanid- und Borhydrid-Ionen, einige Carbanionen,

160   161   162

Amine und metallorganische Verbindungen reagieren unter milden Bedingungen, gewöhnlich in α-Stellung, wobei Primäraddukte vom Typ (161) und (162) entstehen. Diese nichtaromatischen Addukte lassen sich in manchen Fällen isolieren, reagieren aber bereitwillig weiter. Zu den wichtigsten derartigen Folgereaktionen gehören:

1. Oxydation: (161, Nu=OH)→Pyridone; (161, Nu=CH$_2$−Heterocyclus)→Cyanin-Farbstoffe.

2. Disproportionierung: (161, Nu=OH)→Pyridon und Dihydropyridin.

3. Ringöffnung mit anschließendem Ringschluß: Reaktion von Pyryliumsalzen mit RNH$_2$ oder S^{2-}.

4. Ringöffnung ohne anschließenden Ringschluß: Reaktion von OH$^-$ mit Pyridiniumsalzen, die elektronenanziehende Gruppen am Stickstoff tragen, und mit Pyryliumsalzen.

c) Reaktionen nucleophiler Reagentien an einem Wasserstoff-Atom. Wie kürzlich gezeigt wurde, tritt in der α-Stellung von Pyridinium-Kationen unter schwach alkalischen Bedingungen leicht ein Wasserstoff-Austausch ein. Die Reaktion verläuft möglicherweise über zwitterionische Zwischenstufen vom Typ (163). Die β- und γ-ständigen Wasserstoffatome werden weniger leicht ausgetauscht.

163   164   165

d) Reaktionen nucleophiler Reagentien an einem Ring-Schwefel-Atom. Thiopyryliumsalze reagieren mit Lithiumarylen unter Bildung von Thiobenzolen, z.B. (164)→(165).

3. Pyridone, Pyrone und Thiopyrone

Diese Verbindungen werden gewöhnlich in der nichtionisierten Form [(166), (167); Z=NH, NR, O, S] geschrieben, aber kanonische Formen vom Typ (168) oder (169) sind von vergleichbarem Gewicht. Das heißt, die Verbindungen lassen sich auch als Betaine auffassen, die von Pyridinium-, Pyrylium- und Thiopyrylium-Kationen abgeleitet sind. Ihre Reaktionen ergeben sich folgerichtig aus den Möglichkeiten der Elektronenverschiebung in den Molekülen (vgl. auch Abschnitt 2.IV.A.6.d).

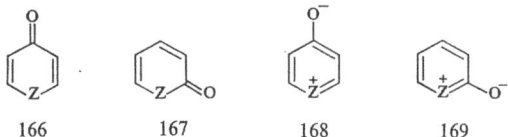

166   167   168   169

a) Elektrophile Reagentien: Angriff an einem Ring-Kohlenstoffatom. Elektrophile Reagentien (E^+) können Ring-Kohlenstoffatome in β-Stellung zum Heteroatom angreifen, wie dies in (170) und (171) gezeigt ist. Die gebildeten Zwischenstufen [z.B. (172)] kehren unter Abspaltung eines Protons zum ursprünglichen Verbindungstyp zurück [(172)→(173)]. Die Halogenierung gelingt sehr viel leichter, als es beim Benzol der Fall ist. Auch Nitrierungen und Sulfonierungen sind möglich, doch liegen in den notwendig stark sauren Reaktionsmedien die Verbindungen hauptsächlich als unreaktive Kationen vor (vgl. Reaktionen vom Typ b).

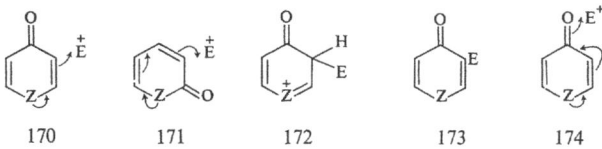

170 171 172 173 174

b) Elektrophile Reagentien: Angriff an einem Carbonyl-Sauerstoffatom. Elektrophile Reagentien können auch die Carbonyl-Sauerstoffatome angreifen [z.B. (174)]. Die Reaktionen dieses Typs werden im Abschnitt „Reaktionen von Substituenten" (2.IV.6.d) besprochen.

c) Nucleophile Reagentien: Protonenabspaltung vom Ring-Stickstoffatom. Nucleophile Reagentien können ein Wasserstoffatom vom heterocyclischen Stickstoffatom eines Pyridons abspalten [z.B. (175)→(176)]. Das entstehende mesomere Anion [z.B. (176)↔(177)] reagiert außerordentlich leicht mit elektrophilen Reagentien:

1. Am Stickstoff, z.B. mit Alkylhalogeniden.

2. Am β-Kohlenstoffatom, z.B. mit CO_2.

3. Am Sauerstoff, z.B. Acylierung (vgl. Abschnitt 2.III.F.1).

175   176   177   178   179   180

d) Nucleophile Reagentien: Angriff an einem Ring-Kohlenstoffatom.
Nucleophile Reagentien können Ring-Kohlenstoffatome in α- oder γ-Stellung zum Heteroatom angreifen [z. B. (178) bis (180)].

1. In α- wie auch in γ-Pyridonen kann das Kohlenstoffatom der Carbonylgruppe durch ein stark nucleophiles Reagens angegriffen werden [wie in (178)]. Die Reaktion geht dann unter Abspaltung des Carbonyl-Sauerstoffatoms und anschließender Aromatisierung weiter. Diese Reaktionen, die auch bei α- und γ-Pyronen eintreten, werden als Reaktionen des Substituenten betrachtet und im Abschnitt 2.IV.A.6.d besprochen.

2. Addukte (178), die aus der Umsetzung eines α-Pyrons am Carbonyl-Kohlenstoffatom entstehen, können unter Ringöffnung weiterreagieren, wie bei den Reaktionen mit dem Hydroxyd-Ion, Ammoniak und Aminen (vgl. Abschnitte 2.III.D.1 und 2).

3. Der nucleophile Angriff an einem vom Carbonyl-Kohlenstoffatom verschiedenen Ring-Kohlenstoffatom kann eine Protonenaddition im Gefolge haben, d. h. eine Reaktion vom Michael-Typ. Ein Beispiel hierfür ist die Reaktion von Cyanid-Ionen und Carbanionen am γ-Kohlenstoffatom von Cumarinen. Man erhält hier Addukte vom Typ (180) (vgl. Abschnitt 2.III.D.5.c).

4. Die γ-Pyrone reagieren mit Hydroxyd-Ionen und Aminen am α-Kohlenstoffatom. Die Primäraddukte [vgl. (179)] erleiden anschließend eine Ringöffnung, der häufig ein erneuter Ringschluß folgt, etwa zu einem Pyridon (vgl. Abschnitte 2.III.D.1 und 2).

e) Radikalreaktionen haben hier nur geringe Bedeutung, doch sei vermerkt, daß Pyridone und Pyrone leicht katalytisch reduziert werden können.

f) Die α-Pyrone besitzen nur relativ wenig aromatischen Charakter. Sie können Diels-Alder-Reaktionen und andere Umsetzungen, die über einen cyclischen Übergangszustand verlaufen, eingehen.

181   182   183   184   185

Thione [z. B. (181)] und Onimine [z. B. (182)] sind nur verhältnismäßig wenig bekannt. Sie werden in den Abschnitten 2.IV.A.7.a und 8.a unter Substitutionsreaktionen erwähnt.

4. N-Oxyde

Die Pyridin-1-oxyde, formal die von 1-Hydroxypyridinium-Kationen abgeleiteten Betaine, verdienen wegen ihrer eigentümlichen Reaktivitätsverhältnisse besondere Beachtung.

a) Elektrophile Reagentien können das Oxyd-Sauerstoffatom (vgl. Reaktionen von Substituenten, Abschnitt 2.IV.B) und ebenso auch die Ring-Kohlenstoffatome angreifen.

1. In Form der freien Basen reagieren die N-Oxyde mit elektrophilen Reagentien in 4-Stellung (183). Die Deprotonierung der Wheland-Zwischenstufe resultiert in einer 4-Substitution, z. B. bei der Nitrierung.

2. N-Oxyd-Kationen reagieren mit elektrophilen Reagentien unter scharfen Bedingungen in 3-Stellung. Die Sulfonierung, die nur mit Oleum zustande kommt, liefert Pyridin-1-oxyd-3-sulfonsäure.

b) Stark nucleophile Reagentien, z. B. Grignard-Reagentien, greifen das α-Kohlenstoffatom an (184). Dabei geht das Primäraddukt unter Verlust eines Protons und eines Oxyd-Ions in den α-substituierten deoxygenierten Heterocyclus (185) über (Abschnitt 2.III.D.5.a). Unter dem Einfluß von Hydroxyd-Ionen kommt es zu Wasserstoffaustausch, möglicherweise über eine Protonenabspaltung (vgl. Abschnitt 2.III.A.2.c).

c) Schwächer nucleophile Reagentien, wie Chlorid-, Cyanid- und Acetat-Ionen, können den α- oder γ-Kohlenstoff nur dann angreifen, wenn das N-Oxyd zuvor eine koordinierte Zwischenstufe mit einem Elektronenacceptor gebildet hat (z. B. bei Reaktionen mit SO_2Cl_2, PhCOCl−KOH und Ac_2O) (vgl. Abschnitte 2.III.D.4 und 2.IV.B.1).

5. Substituenteneffekte

a) Elektrophiler Angriff am Ring-Stickstoff. Die Leichtigkeit des Angriffs elektrophiler Reagentien am Pyridin-Stickstoffatom hängt von der Elektronendichte an diesem Atom und dem Grad der sterischen Hinderung ab.

1. Stark elektronenanziehende Substituenten (z. B. NO_2, COR, Cl) erschweren diese Reaktionen, indem sie die Elektronendichte am Stickstoffatom herabsetzen. Der Effekt ist weitgehend induktiv und infolgedessen besonders stark, wenn der Substituent in α-Stellung steht.

2. Stark elektronenabgebende Substituenten (z. B. NH_2, OR) erleichtern den elektrophilen Angriff, indem sie die Elektronendichte am Stick-

stoff erhöhen. Dies wird durch einen Resonanzeffekt verursacht, der folglich in α- und γ-Stellung am stärksten ist.

3. Kondensierte Benzolringe, Aryl- und Alkyl-Gruppen sowie sonstige Substituenten mit relativ schwachen elektronischen Effekten haben nur geringen Einfluß.

Diese Effekte werden veranschaulicht durch die in Abschnitt 2.III.B.1.b angegebenen pK_a-Werte. Andere Reaktionen als die Protonierung werden durch alle Arten von α-Gruppen behindert (vgl. die Abschnitte 2.III.B.3 bis 6).

b) Elektrophiler Angriff an einem Ring-Kohlenstoffatom. Der Einfluß von Substituenten auf die Leichtigkeit und die Orientierung eines elektrophilen Angriffs auf Ring-Kohlenstoffatome läßt sich weitgehend aus der Kenntnis der Benzol-Chemie vorhersagen.

1. An Pyridinen werden elektrophile Umsetzungen durch stark elektronenanziehende Substituenten (z.B. NO_2, SO_3H, COOH) verhindert, es sei denn, der Ring wäre anderweitig stark aktiviert. Pyridone und Pyrone hingegen lassen sich auch dann umsetzen, wenn sie einen der genannten Substituenten tragen.

2. Stark elektronenabgebende Gruppen am Ring (z.B. OH, NH_2, OR, NR_2) erleichtern die Reaktion erheblich. Pyridine, die eine solche Gruppe tragen, werden ungefähr ebenso leicht wie Benzol nitriert und sulfoniert (Abschnitte 2.III.C.1 und 2). Mono- oder Disubstitution nehmen den in den Formeln (186) bis (188) gezeigten Verlauf.

186   187   188

meta-Disubstituierte Benzole, die eine stark *o,p*-dirigierende Gruppe und eine stark *m*-dirigierende Gruppe enthalten, werden häufig zwischen den beiden Gruppen weiter substituiert. Man vergleiche dies mit der in (187) beobachteten Orientierung.

Pyridine, Pyridone und Pyrone, die eine Amino- oder Hydroxyl-Gruppe enthalten, gehen ferner die Diazo-Kupplung, die Nitrosierung und auch Mannich-Reaktionen (Abschnitt 2.III.C.4) ebenso wie ihre Benzol-Analoga Phenol bzw. Anilin ein. Diese Reaktionen verlaufen unter relativ schwach sauren Bedingungen, wenn also nur geringe Mengen der Verbindungen in Form der nichtreaktiven Kationen vorliegen.

3. Alkyl-Gruppen und Halogenatome verhalten sich normalerweise wie schwach aktivierende bzw. desaktivierende Substituenten und beeinflussen die Orientierung gewöhnlich nicht. Kondensierte Benzolringe hin-

gegen beeinflussen die Orientierung bei Substitutionen; so tritt die elektrophile Substitution in Benz- und Phenyl-pyridinen und in Phenylpyridin-1-oxyden meist am Benzolring ein. In Benzopyridonen, -pyronen und -pyridin-N-oxyden vermag die elektrophile Substitution je nach den Bedingungen entweder im Benzolring oder im heterocyclischen Ring einzutreten (vgl. Abschnitt 2.IV.A.2.a).

c) *Nucleophiler Angriff an einem Ring-Kohlenstoffatom.* Der nucleophile Angriff an Ring-Kohlenstoffatomen von Pyridinen wird, wie zu erwarten, durch elektronenanziehende Substituenten erleichtert und durch elektronenabgebende Gruppen behindert. In Pyridiniumsalzen ist der Effekt stark elektronenanziehender Gruppen am Stickstoffatom [z.B. $-C_6H_3(NO_2)_2$ oder $-CN$] besonders ausgeprägt und ist hier Anlaß einer Ringöffnung (vgl. Abschnitte 2.III.D.1 und 2). Mit anderen Substituenten tritt sie gewöhnlich nicht ein.

Kondensierte Benzolringe erleichtern den nucleophilen Angriff auf Pyridine, Pyridinium- und Pyrylium-Ionen sowie Pyrone. Der mit der Bildung des Primäraddukts einhergehende Verlust an aromatischem Charakter ist in Monobenzo-Derivaten kleiner und in linearen Dibenzo-Derivaten noch geringer als in monocyclischen Verbindungen. Aus dem gleichen Grunde ist auch die Tendenz des Primäraddukts zur Rearomatisierung bei Benzopyridinen kleiner. Kondensierte Benzolringe beeinflussen ferner den Ort des Angriffs durch das nucleophile Reagens; der Angriff erfolgt nur selten an einem zu einem Benzolring gehörenden Kohlenstoffatom. In linearen Dibenzo-Derivaten kommt es deshalb zum nucleophilen Angriff in γ-Stellung (189).

189

d) *Angriff durch freie Radikale.* Die Substituenten sollten auf die Reaktionen freier Radikale, die gewöhnlich nicht-selektiv sind, nur geringen Einfluß haben. Die bisher verfügbaren experimentellen Erfahrungen (Abschnitt 2.III.E) stützen diese Ansicht.

B. Elektrophiler Angriff am Pyridin-Stickstoffatom

Der elektrophile Angriff am Pyridin-Stickstoffatom wurde in allgemeiner Form im Abschnitt 2.III.A.1 und der Einfluß von Substituenten im Abschnitt 2.III.A.5 betrachtet. Hier werden nun die einzelnen Reaktionstypen diskutiert.

1. Protonensäuren

a) *Salzbildung.* Pyridine bilden mit starken Säuren stabile Salze. Zur Charakterisierung von Pyridinen eignen sich besonders die gelben ionischen Picrate. Pyridin selbst wird häufig als basisches Lösungsmittel und zur Neutralisation der bei einer Reaktion gebildeten Säure benützt. Die Basizität des Pyridins ($pK_a = 5{,}2$, bestimmt durch Messung der Dissoziationskonstante seiner konjugierten Säure) ist kleiner als die von aliphatischen Aminen (z.B. NH_3, $pK_a = 9{,}5$; NMe_3, $pK_a = 9{,}8$). Diese verringerte Basizität hat vermutlich ihre Ursache in der veränderten Bindungshybridisierung am Stickstoffatom: Das einsame Elektronenpaar des Ammoniaks besetzt ein sp^3-Orbital, während es im Pyridin ein sp^2-Orbital besetzt. Je höher nun der s-Charakter eines Orbitals ist, desto mehr ist es in der Nähe des Atomkerns konzentriert, und desto weniger ist es für eine Bindungsbildung verfügbar. Nitrile, in denen das einsame Elektronenpaar ein sp-Orbital besetzt, sind sehr schwach basisch.

b) *Substituenteneffekte.* Der Einfluß repräsentativer Substituenten auf die Basizität des Pyridins wird in der folgenden Tabelle gezeigt.

pK_a-*Werte monosubstituierter Pyridine* *

	Me	Ph	NH_2	OMe	Cl	$CONH_2$
2-Stellung	6,0	5,3	6,9	3,3	0,7	—
3-Stellung	5,7	4,8	6,1	4,9	2,8	3,4
4-Stellung	6,0	5,5	9,2	6,6	3,8	3,6

* Bestimmt in wäßriger Lösung: vgl. Pyridin, $pK_a = 5{,}2$.

1. Methyl-Gruppen erhöhen infolge ihres induktiven Donatoreffekts die Basenstärke geringfügig. α- und γ-Methyl-Gruppen erhöhen den pK_a-Wert etwas stärker als β-Methyl-Gruppen.

2. Phenyl-Gruppen sind schwache Resonanzdonatoren und -acceptoren sowie induktive Acceptoren. Der Resonanzeffekt bleibt in m-Stellung aus, so daß 3-Phenylpyridin eine geringere Basizität als Pyridin aufweist. Der induktive Effekt ist für die 4-Stellung schwach, was zu einer erhöhten Basizität führt, während sich im 2-Phenylpyridin die beiden Effekte kompensieren.

3. Aminogruppen sind starke Resonanzdonatoren und erhöhen somit die Basenstärke. Die Reihenfolge der Basenstärke ist 4-Amino > 2-Amino (verstärkter Einfluß des induktiven Effekts) > 3-Amino (geringer Einfluß des Resonanzeffekts).

4. Methoxy-Gruppen sind Resonanzdonatoren und induktive Acceptoren. Der induktive Effekt dominiert bei 2-Stellung, der Resonanzeffekt bei 4-Stellung.

5. Halogenatome sind induktive Acceptoren und schwache Resonanz-donatoren. Sie bewirken eine ausgeprägte Abnahme der Basizität, speziell in der α-Stellung.

6. Die Carboxamido-Gruppe steht in der Tabelle als Beispiel für einen Resonanz- und induktiven Acceptor.

7. Kondensierte Benzolringe haben gewöhnlich nur einen geringen Einfluß: vgl. die pK_a-Werte von Chinolin (4,85), Isochinolin (5,14) und Acridin (5,6). Substituenten am Benzolring beeinflussen die Basizität meist nur wenig.

2. Metall-Ionen

a) Einfache Komplexe. Zahlreiche Übergangs- und B-Untergruppen-Metalle bilden mit Pyridin in wäßriger Lösung Komplex-Ionen, z.B. $Ni^{2+} \rightarrow Ni(C_5H_5N)_4^{2+}$. Bei Gegenwart bestimmter Anionen können neutrale Komplexe resultieren, z.B.

$$Cu^{2+} + 2\,OCN^- + 2\,C_5H_5N \rightarrow Cu(OCN)_2(C_5H_5N)_2.$$

b) Chelatkomplexe. Pyridine, die α-Substituenten wie Carboxyl- oder CH = NH-Gruppen tragen, können Chelatringe bilden. Wichtige bicyclische Chelatbildner sind das 2,2'-Dipyridyl (190, Y = H) und 8-Hydroxychinolin (191), die mit vielen Metallen bis- und tris-Komplexe bilden. Diese Art der Komplexbildung hat zahlreiche analytische Anwendungen gefunden. Man nimmt an, daß eine Überlappung zwischen den d-Orbitals des Metallatoms und den Pyridin-π-Orbitals die Stabilität vieler dieser Komplexe erhöht. Eine sterische Hinderung kann die Komplexbildung selbstverständlich verhindern, so etwa in (190, Y = Me).

190   191

3. Reaktive Halogenide und verwandte Verbindungen

a) Alkylhalogenide usw. Pyridine substituieren Halogenid-, Sulfat- und Sulfonat-Ionen an primären und sekundären Alkylhalogeniden, -sulfaten und-p-toluolsulfonaten. Es entstehen dabei Alkylpyridinium-Salze. Diese Reaktionen sind vom S_N2-Typ und werden durch die sterischen Verhältnisse in den Pyridin- oder Alkyl-Resten beeinflußt. Pyridin selbst reagiert unter Wärmeentwicklung spontan mit Methyljodid oder Dimethylsulfat. Reaktionen der α-substituierten Pyridine oder solche mit höheren Alkylhalogeniden verlaufen langsamer. Sie werden häufig so ausgeführt, daß man die Reaktionspartner in einem Lösungsmittel hoher Dielektrizitätskonstante (wie Acetonitril) erhitzt, um die Ionenbildung zu begünstigen.

Tertiäre Halogenide reagieren mit Pyridinen meist unter bimolekularer Eliminierung.

b) Arylhalogenide. Arylhalogenide lassen sich mit Pyridinen nur dann umsetzen, wenn sie stark aktiviert sind. Ein bekanntes Beispiel ist die Reaktion des 2,4-Dinitrochlorbenzols mit Pyridin, die zu 1-(2,4-Dinitrophenyl)-pyridiniumchlorid führt. Zur Phenylierung des Pyridins benötigt man ein Reagens, das sehr viel reaktionsfähiger als Phenylchlorid ist. Solche Arylierungen sind mit Diaryljodonium-Ionen gelungen:

$$Ph_2J^+BF_4^- + Pyridin \rightarrow 1\text{-Phenylpyridinium-Ion}.$$

c) Säurechloride. Acyl- und Sulfonylhalogenide und -anhydride reagieren mit Pyridin sofort unter Bildung quartärer Salze. Diese Salze, die gewöhnlich nicht isoliert werden, stellen ausgezeichnete Acylierungs- und Sulfonierungsmittel dar. Aus diesem Grunde wird Pyridin als Lösungsmittel für derartige Reaktionen verwendet.

4. Halogene

Mit Halogenen und Interhalogen-Verbindungen (z.B. JCl) geben Pyridine bei Zimmertemperatur instabile Addukte. Solche Addukte dienen gelegentlich als milde Halogenierungsmittel. Röntgenbeugungsuntersuchungen haben gezeigt, daß der Pyridin-Jod-Komplex die Struktur (192) besitzt.

5. Peroxysäuren

Die Behandlung von Pyridinen mit Peroxysäuren liefert Pyridin-1-oxide [(193)→(194)]. Typische Reaktionsbedingungen sind $AcOH/H_2O_2$ bei 100 °C oder $PhCO_3H/CHCl_3$ bei 0 °C. Das Pyridin-Stickstoffatom reagiert mit Peroxysäuren, wie zu erwarten, weniger leicht als das Stickstoffatom aliphatischer Amine. Große α-Substituenten hindern die Reaktion sterisch; die N-Oxidation von 2,6-Diphenylpyridin verläuft aus diesem Grunde mit schlechter Ausbeute.

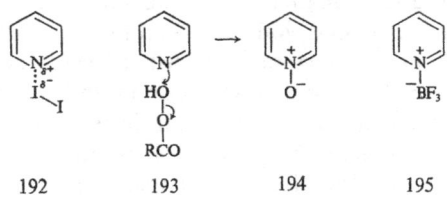

192 193 194 195

6. Andere Lewis-Säuren

Pyridin bildet gern stabile Koordinationsverbindungen. So liefern die Bor-, Aluminium- und Galliumtrihalogenide bei 0 °C in inerten Lösungsmitteln 1:1-Addukte [vgl. (195)]. Auch hier sind sterische Faktoren wichtig; α-Substituenten erschweren die Reaktion. Die sterische Behinderung zeigt sich z.B. an den Reaktionswärmen von Pyridin, 2-Methylpyridin und 2,6-Dimethylpyridin mit Bortrifluorid, die 32,9, 31,2 bzw. 25,4 kcal/Mol betragen. Die deutliche Abnahme der Reaktionswärmen bei dieser Umsetzung zeigt klar den Gegensatz zu dem geringen Raumanspruch des Protons, wie er sich in den pK_a-Werten substituierter Pyridine manifestiert (vgl. Abschnitt 2.III.B.1.b).

C. Elektrophiler Angriff an den Ring-Kohlenstoffatomen

In diesem Abschnitt werden die wichtigsten elektrophilen Substitutionsreaktionen an allen Typen aromatischer Ringe systematisch behandelt. Eine allgemeine Übersicht über die Reaktivität aller bedeutenden Verbindungsklassen gegen eine elektrophile Substitution wurde bereits in Abschnitt 2.III.A.5 gegeben.

1. Nitrierung

a) Pyridine. Die Nitrierung von Pyridin selbst gelingt nur bei scharfen Bedingungen ($H_2SO_4 - SO_3 - KNO_3$ bei 300 °C). Man erhält das 3-Nitropyridin in kleiner Ausbeute. Eine Methyl-Gruppe allein aktiviert die Nitrierungsreaktion offensichtlich noch nicht genügend, denn die Picoline werden unter den Reaktionsbedingungen in hohem Maße oxydiert. 2,6-Lutidin und 2,4,6-Collidin jedoch geben die entsprechenden 3-Nitro-Derivate unter milderen Reaktionsverhältnissen ($H_2SO_4 - SO_3 - HNO_3$ bei 100 °C) in annehmbarer Ausbeute.

Wie zu erwarten ist, erleichtert eine Aminogruppe im Pyridin die Nitrierung erheblich. Die 2-, 3- und 4-Aminopyridine lassen sich glatt nitrieren ($H_2SO_4 - HNO_3$ bei 40 °C), wobei Mononitro- (5-, 2- bzw. 3-) und Dinitro-Derivate entstehen (3,5-, 2,6- bzw. 3,5-; vgl. Abschnitt 2.III.A.5.b). Alkylamino-, Alkoxyl- und 3-Hydroxy-pyridine reagieren analog den entsprechenden Aminoverbindungen.

Das 2,6-Dichlorpyridin wird unter relativ milden Bedingungen (100 °C) zum 3-Nitroderivat nitriert. Diese Reaktion erfolgt an der freien Base (im Gegensatz zu den vorher erwähnten Nitrierungen), da der basizitätserniedrigende Effekt der Chloratome dafür sorgt, daß im Gleichgewicht genügend freie Base für die Reaktion verfügbar ist.

b) Pyridone. 2- und 4-Pyridone und ihre 1-Alkyl-Derivate lassen sich leicht nitrieren. Zunächst entstehen die 3-Mononitro-Derivate ($H_2SO_4 - HNO_3$, 30 °C) und anschließend die 3,5-Dinitro-Derivate.

c) Pyridin-1-oxyde. Pyridin-1-oxyde kann man schon unter relativ milden Bedingungen ($H_2SO_4 - HNO_3$, 100 °C) nitrieren, wobei die 4-Nitro-Derivate in guter Ausbeute erhalten werden. Substituierte Pyridin-1-oxyde, wie die 2- und 3-Methyl-, -Halogen- und -Methoxyl-Derivate, liefern gleichfalls die entsprechenden 4-Nitro-Verbindungen in hoher Ausbeute. Chinolin-1-oxyde werden oberhalb etwa 80 °C selektiv in 4-Stellung nitriert, während bei niedrigeren Temperaturen die Nitro-Gruppe in den Benzolring geht (vgl. Abschnitt 2.IV.A.2.a).

2. Sulfonierung

Die Sulfonierung des Pyridins liefert die 3-Sulfonsäure in 70% Ausbeute, doch werden scharfe Reaktionsbedingungen ($H_2SO_4 - SO_3$, 230 °C) und Quecksilbersulfat als Katalysator benötigt. Die Picoline ergeben gleichfalls β-Sulfonsäuren. 2-Aminopyridin und 1-Methyl-2-pyridon werden unter milderen Bedingungen ($H_2SO_4 - SO_3$, 140 °C) in 5-Stellung sulfoniert.

Die Sulfonierung des Pyridin-1-oxyds erfordert scharfe Reaktionsbedingungen ($H_2SO_4 - SO_3 - Hg^{2+}$, 230 °C) und gibt dann die 3-Sulfonsäure (vgl. Abschnitt 2.III.A.4.a).

3. Halogenierung

Die Dampfphasen-Chlorierung (bei 200 °C) und -Bromierung (bei 300 °C) von Pyridin liefert leidliche Ausbeuten der 3-Mono- und 3,5-Dihalogen-Derivate. 3-Bromchinolin und 4-Brom-isochinolin entstehen unter ähnlichen Bedingungen, während die Kernsubstitution von Alkyl-pyridinen wegen der bevorzugten Halogenierung der Seitenketten verhindert wird (vgl. Abschnitt 2.IV.A.3).

Die Halogenierung von 3-Hydroxy- sowie 2-, 3- und 4-Amino-pyridinen gelingt unter milden Bedingungen (z.B. Cl_2, Br_2 oder J_2 in EtOH oder H_2O, 20 bis 100 °C) und gibt die Mono- und Dihalogen-Derivate. Die Substitution geschieht, wie zu erwarten, in ortho- und para-Stellung zur aktivierenden Gruppe (vgl. Abschnitt 2.III.A.5.b).

2- und 4-Pyridone und 2- und 4-Pyrone lassen sich leicht in ihre 3-Mono- und 3,5-Dihalogenderivate überführen. Chinolone reagieren analog.

4. Nitrosierung, Diazo-Kupplung und Reaktion mit Aldehyden

Im allgemeinen werden diese Reaktionen nur von Hydroxyl- oder Amino-Gruppen enthaltenden Pyridinen und von Pyridonen gegeben. Einige Beispiele sind die folgenden:

1. 3-Hydroxypyridin und Formaldehyd liefern 2-Hydroxymethyl-3-hydroxypyridin.

2. 2,6-Diaminopyridin bildet mit salpetriger Säure das 3-Nitroso-Derivat.

3. 2-Pyridon (196) und 3-Hydroxypyridine kuppeln mit Diazonium-salzen unter Bildung von Azoverbindungen

4. 4-Chinolon (197) geht Mannich-Reaktionen ein, z.B. mit HCHO und $HNMe_2$ unter Bildung des 3-Dimethylaminomethyl-Derivats.

196   197

5. Oxydation

Es ist zweckdienlich, den oxydativen Angriff an Ring-Kohlenstoff-atomen an dieser Stelle zu besprechen, obwohl bei dieser Reaktion sowohl radikalische als auch elektrophile Species beteiligt sein können.

Pyridin-Ringe sind gegen Oxydation gewöhnlich sehr beständig: So wird CrO_3, in Pyridin gelöst, als Reagens zur Oxydation von Hydroxyl-Gruppen verwendet, speziell bei den Sterinen. Zahlreiche Substituenten am Pyridin lassen sich mit $KMnO_4$, O_3 oder $K_2Cr_2O_7$ selektiv oxydieren, insbesondere unter sauren Bedingungen. In alkalischem Milieu tritt teil-weise ein oxydativer Abbau des Pyridin-Rings ein; so gibt Isochinolin sowohl Cinchomeronsäure (198) als auch Phthalsäure ($KMnO_4-$ $-NaOH-H_2O$) (vgl. Abschnitt 2.IV.A.2.a). Auch Ozon reagiert mit Pyridinen, wenn auch weniger leicht als mit Benzolen; man erhält Pro-dukte, die beiden Kekulé-Formeln entsprechen [z.B. (200)→(199)+(201)].

198   199   200   201

6. Säurekatalysierter Wasserstoff-Austausch

Unter energischen Bedingungen ($H_2SO_4-H_2O$, 200 °C) tritt am 2,4,6-Collidin und am 2,6-Lutidin Wasserstoff-Austausch in der Ring-β-Stellung ein. Das 1,2,4,6-Tetramethylpyridinium-Kation reagiert unter ähnlichen Bedingungen.

D. Nucleophiler Angriff an den Ring-Kohlenstoffatomen

Die Reaktionsbereitschaft der verschiedenen Klassen aromatischer Heterocyclen gegenüber einem nucleophilen Angriff wurde bereits diskutiert (Abschnitt 2.III.A.3.d). Derartige Reaktionen sollen im Folgenden systematisch klassifiziert werden.

1. Hydroxyd-Ion

a) Pyridin. Ungeladene Pyridine sind gegen einen Angriff durch Hydroxyd-Ionen bei Temperaturen bis zu 100 °C resistent. Pyridin selbst liefert mit Hydroxyd-Ionen nur unter extremen Bedingungen (KOH — Luft, 300 °C) das 2-Pyridon, das stabile Tautomere des 2-Hydroxypyridins, das durch Oxydation des Primäraddukts gebildet wird. Wie zu erwarten, wird diese Reaktion durch elektronenanziehende Substituenten und ankondensierte Benzolringe erleichtert; Chinolin und Isochinolin reagieren leichter als Pyridin zum 2-Chinolon bzw. 1-Isochinolon.

b) Alkylpyridinium-Ionen. 1-Methylpyridinium-Ionen (202) reagieren mit Hydroxyd-Ionen reversibel unter Bildung geringer Mengen der Pseudobase (203). Der Ausdruck „Pseudo" dient zur Bezeichnung von Basen, die mit Säuren meßbar langsam reagieren, nicht „augenblicklich" wie bei den üblichen Säure-Base-Reaktionen. Ankondensierte Benzolringe verringern den Verlust an Resonanzenergie, der eintritt, wenn der Heteroring seinen aromatischen Charakter verliert. Infolgedessen bilden sich die Pseudobasen von 1-Methylchinolinium-, 2-Methylisochinolinium- und 10-Methylphenanthridinium-Ionen etwas leichter und von 10-Methylacridinium-Ionen sehr viel leichter als jene von Alkylpyridinium-Ionen. Gewöhnlich entstehen bevorzugt Pseudobasen mit der Hydroxyl-Gruppe in α-Stellung, während Acridinium-Ionen in γ-Stellung reagieren.

Die Pseudobasen können verschiedene Weiterreaktionen eingehen:

1. Oxydation. 1-Alkylpyridinium-Ionen werden in alkalischer Lösung durch $K_3Fe(CN)_6$ zu 2-Pyridonen [z.B. (204)] oxydiert. 2-Chinolone, 1-Isochinolone, 6-Phenanthridone und 9-Acridone lassen sich analog darstellen.

2. Zahlreiche Pseudobasen disproportionieren beim Stehen zu Dihydropyridinen und Pyridonen, z. B. (205)→(206)+(207). Der angegebene Mechanismus ist spekulativ, ähnelt aber dem der Cannizzaro-Reaktion.

3. In Pyridinium-Ionen, die geeignete Substituenten tragen, kann Ringspaltung und anschließender Ringschluß zu einem neuen heterocyclischen oder homocyclischen Ring eintreten. Beispiele sind

$$(208) + KOH + H_2O \rightarrow (209) + EtOH,$$

sowie unter scharfen Bedingungen

$$(210) + NaOH \xrightarrow{200°C} (211) \quad \text{(Ausbeute 10\%).}$$

208   209   210   211

c) *Andere Pyridinium-Ionen.* Pyridinium-Ionen, die am Stickstoffatom einen stark elektronenanziehenden Substituenten tragen, erleiden bei Gegenwart von Hydroxyd-Ionen unter sehr viel milderen Bedingungen (NaOH−H$_2$O, 20 °C), als sie für die Spaltung der 1-Alkyl-Analoga erforderlich sind, eine Ringspaltung. Pyridin-Schwefeltrioxyd (212) und 1-Cyanpyridinium-Ionen geben Glutacondialdehyd [(213)→(214)]; als weitere Reaktionsprodukte entstehen Sulfaminsäure bzw. Cyanamid (das zu NH$_3$ und CO$_2$ zerfällt). Analog liefert Isochinolin-Schwefeltrioxyd Homophthalaldehyd. Man kann diese Reaktionen als die Umkehrung der in Abschnitt 2.II.B.2 beschriebenen Synthesemethode ansehen.

212   213   214

d) *Pyryliumsalze.* Pyryliumsalze bilden sehr leicht Pseudobasen. Beispielsweise liefert das Xanthylium-Ion (215) Xanthydrol (216), das sich isolieren oder mit verdünnter Salpetersäure zu Xanthon (217) oxydieren läßt. In geeigneten Fällen schließt sich eine Ringöffnung an; die Pseudobase (218) des 2,4,6-Triphenylpyrylium-Ions steht im Gleichgewicht mit der offenkettigen Verbindung (219).

215   216   217

218   219

e) Pyrone. Während Pyridone gegen Alkali gewöhnlich beständig sind, werden Pyron-Ringe häufig leicht geöffnet. So verwandeln Hydroxyd-Ionen die Chromone in β-Dicarbonyl-Verbindungen [z. B. (220)→ (221)] und die Cumarine reversibel in die Salze von Cumarinsäuren [z. B. (222)→(223)].

220   221   222   223

2. Amine und Amid-Ionen

a) Pyridine. Amine sind zur Reaktion mit Pyridin nicht ausreichend nucleophil, so daß man das stärker nucleophile Reagens NH_2^- benötigt. Pyridin selbst liefert bei der Behandlung mit Amid-Ionen (NaNH$_2$ – $-$PhNMe$_2$) nacheinander 2-Aminopyridin (bei 110 °C), 2,6-Diaminopyridin (bei 170 °C) und 2,4,6-Triaminopyridin (bei 200 °C, schlechte Ausbeute). Der desaktivierende Einfluß der elektronenabgebenden Amino-Gruppen auf die nachfolgenden Stufen bei dieser Reaktion ist offensichtlich.

Mit substituierten Pyridinen reagieren Amid-Ionen in einer α-Stellung, sofern diese nicht beide blockiert sind. So geben 2,6-Lutidin (224), 2-Methylchinolin und Acridin die γ-Derivate. Isochinolin reagiert in 1-Stellung. Durch Natrium-methylamid (Na$^+$NHMe$^-$) wird Pyridin in sein 2-Methylamino-Derivat übergeführt.

224   225   226

b) Pyridinium-Ionen. Die geladenen Ringe sind für einen Angriff durch Amine genügend reaktiv. Pyridinium-Ionen mit stark elektronenanziehenden Substituenten am Stickstoff reagieren unter Bildung offenkettiger Produkte. Das 1-(2,4-Dinitrophenyl)-pyridinium-Ion (225) z. B.

liefert Glutacondialdehyd-dianil (226) und 2,4-Dinitroanilin (PhNH$_2$, 100 °C); diese Umsetzung ist die sog. Zinke-Reaktion. Das Pyridin-Schwefeltrioxyd-Addukt (212) sowie das 1-Cyan-pyridinium-Ion reagieren ähnlich.

c) Pyrylium-Ionen. Pyrylium-Kationen bilden mit Ammoniak Pyridine und mit primären Aminen Pyridiniumsalze. Beispielsweise erhält man aus dem 2,4,6-Triphenylpyrylium-Kation [(227), Z=O] mit Ammoniak das 2,4,6-Triphenylpyridin und mit Methylamin das entsprechende 1-Methylpyridinium-Salz. Xanthylium-Ionen (215), bei denen eine Ringöffnung nicht leicht eintritt, bilden mit Ammoniak, Aminen, Amiden, Harnstoffen, Sulfonamiden und Imiden Addukte (228). Die vier zuletzt genannten Verbindungsklassen lassen sich auf diese Weise in kristalline Derivate umwandeln, die zu ihrer Identifizierung geeignet sind.

227   228   229   230

Monocyclische Pyrone werden in die entsprechenden Pyridone und Isocumarine in Isochinoline umgewandelt, wenn man sie mit Ammoniak oder primären Aminen behandelt; z.B. (229)→(230) mit NH$_3$ − H$_2$O bei 100 °C.

3. Sulfid-Ionen

Aus Pyryliumsalzen erhält man mit Natriumsulfid die Thiopyryliumsalze [z.B. (227, Z=O)→(227, Z=S)]. Diese Reaktion ist die einzige wichtige Synthese von Thiopyryliumsalzen.

4. Chlorid-Ionen

Chlorid-Ionen sind relativ schwach nucleophile Reagentien und reagieren nicht mit Pyridinen. Gewöhnlich setzen sich Chlorid-Ionen auch nicht mit Pyridinium- und Pyrylium-Ionen um, doch Xanthyliumchlorid ist mit einer nennenswerten Menge der Verbindung (231) im Gleichgewicht. Es handelt sich hier um einen besonders günstig gelagerten Fall, bei dem die Adduktbildung nur einen geringfügigen Verlust an Resonanzenergie zur Folge hat.

Pyridin-1-oxyde geben mit Phosphoroxychlorid oder mit Sulfurylchlorid Gemische der entsprechenden α- und γ-Chlorpyridine. Die Reaktionsfolge besteht aus der primären Bildung eines nucleophilen Komplexes (232), Angriff eines Chlorid-Ions auf diesen Komplex und schließlich der Rearomatisierung unter Verlust des N-Oxyd-Sauerstoffs (vgl. auch Abschnitt 2.IV.B.1).

231   232

5. Carbanionen

a) Metallorganische Verbindungen. Mit Lithiumalkylen und -arylen erhält man aus Pyridin unter ziemlich scharfen Bedingungen (z.B. in Xylol bei 100 °C) die 2-Alkyl- und 2-Arylpyridine. Die Reaktion verläuft über die entsprechenden Dihydropyridine [(233) oder ein Tautomeres]; diese lassen sich bei niedrigeren Temperaturen auch isolieren. Die weniger reaktiven Grignard-Reagentien liefern erheblich schlechtere Ausbeuten an diesen Verbindungen.

Benzopyridine werden von metallorganischen Verbindungen in einer α-Stellung angegriffen, sofern nicht beide α-Stellungen blockiert sind. Die Dihydro-Derivate von Chinolinen und Isochinolinen sind stabiler als die Dihydropyridine und werden folglich weniger leicht rearomatisiert und somit häufiger isoliert.

Entsprechende Reaktionen mit N-Oxyden führen zu α-substituierten aromatischen Produkten, indem die Zwischenstufen vom Typ (234) Hydroxyd-Ionen verlieren. Die Ausbeuten sind bei diesen Reaktionen aber schlecht, da die N-Oxyde auf die metallorganischen Verbindungen auch als Oxydationsmittel wirken.

233   234   235   236   237

Kationische Ringe reagieren leicht mit metallorganischen Verbindungen. So liefern 1-Methylchinolinium-Ionen mit Grignard-Reagentien Produkte vom Typ (235). Eine gut bekannte Reaktion dieser Art ist jene zwischen dem Pyridin-Schwefeltrioxyd-Addukt und Cyclopentadiennatrium (236), die zu Azulen führt (237). In der Reaktionsfolge wird u.a. der Pyridinium-Ring geöffnet, und anschließend folgt ein Ringschluß zum siebengliedrigen carbocyclischen Ring.

46

b) Aktivierte Methyl- und Methylen-Carbanionen. Die mesomeren Anionen aktivierter Methyl- und Methylen-Verbindungen reagieren mit Pyridinium- und Pyrylium-Kationen. Pyridinium-Ionen liefern mit Ketonen (238) Produkte vom Typ (239), die man isolieren oder aber in situ zu mesomeren Anhydrobasen (240) oxydieren kann [vgl. (327)↔(328)]. Chinolinium-, Isochinolinium- und Acridinium-Ionen geben analoge Addukte, deren Stabilität in der angeführten Reihenfolge steigt. Aliphatische Nitroverbindungen reagieren ähnlich; bespielsweise liefert das 1-Methylchinolinium-Ion mit CH_2NO_2-Piperidin sukzessive das Addukt (241) und die Anhydrobase (242).

Pyryliumsalze erleiden mit gewissen reaktiven Methyl-Verbindungen Ringspaltung und anschließende Cyclisierung zu Benzol-Derivaten. Das 2,4,6-Triphenylpyrylium-Ion liefert auf diese Weise mit Nitromethan das 2,4,6-Triphenyl-nitrobenzol (244) und mit Malonsäure die substituierte Benzoesäure (245); die letztere Reaktion schließt u. a. eine Decarboxylierung ein.

c) Cyanid-Ionen. Die sogenannten „Pseudocyanide", die den Pseudobasen analog sind, erhält man durch Umsetzung von Cyanid-Anionen mit Benzopyridinium-Kationen. Beispielsweise liefert das 1-Methylchinolinium-Ion das Pseudocyanid (246). Die Orientierung ist bei dieser Addition insofern ungewöhnlich, als der Angriff häufiger in 2-Stellung beobachtet wird.

Bei der Reissert-Reaktion reagieren 1-Benzoyl-chinolinium-Ionen (die in situ aus Chinolinen und PhCOCl erzeugt werden) mit Cyanid-Ionen zu den sogenannten „Reissert-Verbindungen". Chinolin selbst gibt z. B. die Verbindung (247). Die Reissert-Verbindungen lassen sich mit verdünnter Alkalilauge zu Chinolin-2-carbonsäuren und Benzaldehyd hydrolysieren.

6. Chemische Reduktion

Pyridine kann man leichter reduzieren als Benzole. Natrium in Äthanol oder in flüssigem Ammoniak reduziert Pyridin offenbar zum 1,4-Dihydropyridin (oder einem Tautomeren), denn die Hydrolyse des Reaktionsgemisches gibt Glutacondialdehyd [(250)→(249)→(248)]. Die Reduktion von Pyridinen mit Natrium und Äthanol kann sogar über die Dihydro-Stufe hinauslaufen und zu den Δ^3-Tetrahydropyridinen und Piperidinen führen [(250)→(251)→(252)]. Pyridin und Lithiumaluminiumhydrid bilden (253), das mit Wasser zu 1,2-Dihydropyridin (oder einem Tautomeren) reagiert.

| 248 | 249 | 250 | 251 | 252 | 253 |

| 254 | 255 | 256 | 257 | 258 |

Kationische Ringe werden bereits unter relativ milden Bedingungen reduziert. Das 1-Methylpyridinium-Ion gibt mit Natriumborhydrid (in H_2O bei 15 °C) das 1,2-Dihydro-Derivat (254) bei pH > 7 und das 1,2,3,6-Tetrahydro-Derivat (255) bei pH = 2 bis 5. Die Tetrahydro-Verbindung wird möglicherweise über (256) gebildet, das durch Protonenaddition an das Dihydro-Derivat (254) entsteht. Die Reduktion von 1-Methylchinolinium-Ionen mit komplexen Hydriden (NaBH$_4$ oder LiAlH$_4$) verläuft analog zu den 1,2-Dihydro-Verbindungen [z.B. (257)]. Die Reduktion von Pyridinium-Ionen mit Natriumdithionit (Na$_2$S$_2$O$_4$ − − H$_2$O − Na$_2$CO$_3$) kann zu 1,4-Dihydro-Produkten [z.B. (258)] führen.

E. Angriff freier Radikale an den Ring-Kohlenstoffatomen

Radikalische Reaktionen sind weniger wichtig als Reaktionen mit elektrophilen oder nucleophilen Reagentien. Nur die Reaktionen von freien Radikalen mit Pyridin selbst sind bislang gut untersucht.

1. Halogen-Atome

Die Dampfphasen-Halogenierung von Pyridin bei hohen Temperaturen gibt Gemische aus 2-Mono- und 2,6-Dibrompyridin (Br$_2$, 500 °C, oder CuBr−Br$_2$, 350 °C) bzw. aus 2-Mono- und 2,6-Dichlorpyridin (Cl$_2$, 270 °C). Man nimmt an, daß diese Reaktionen über freie Halogen-atome verlaufen, im Gegensatz zur ionischen Halogenierung, die bei niedrigerer Temperatur eintritt und β-Substitution ergibt (vgl. Abschnitt 2.III.A.1). Unter ähnlichen Bedingungen (Br$_2$, 450 °C) liefert Chinolin 2-Bromchinolin.

2. Aryl-Radikale

Phenyl-Radikale greifen Pyridin nicht-selektiv an. Man erhält ein Ge-misch von 2-, 3- und 4-Phenylpyridin im Verhältnis von etwa 53, 33 bzw. 14%. Die Phenyl-Radikale können aus den üblichen Vorläufern hergestellt werden: PhN(NO)COCH$_3$, Pb(OCOPh)$_4$, (PhCO$_2$)$_2$ oder PhJ(OCOPh)$_2$. Substituierte Phenyl-Radikale reagieren analog.

3. Dimerisationen

Behandelt man Pyridin mit Natrium bei 20 °C, so entstehen Gemische aus 2,2′-, 2,3′-, 2,4′- und 4,4′-Dipyridyl, und zwar wahrscheinlich durch die Aromatisierung intermediärer Dihydro-Verbindungen [(259)→(260)]. 2,2′-Dipyridyle [z. B. (260)] erhält man auch durch Reaktion von Pyridinen mit Raney-Nickel.

F. Verschiedene Reaktionen

In diesem Abschnitt seien solche Reaktionen zusammengefaßt, die nicht unter den vorherigen Rubriken klassifiziert werden können.

1. Protonenabspaltung vom Ring-Stickstoffatom

Pyridone sind schwache Säuren mit einem pK_a von etwa 11. Sie bilden mesomere Anionen [vgl. (261)→(262)], die mit elektrophilen Reagentien je nach den Bedingungen sehr leicht am Stickstoff, Sauer-stoff oder den Kohlenstoff-Atomen reagieren (vgl. Abschnitt 2.III.A.3). Das vom 2-Pyridon abgeleitete Anion (262) wird am Stickstoff alkyliert oder aminiert [(262)→(263), (264)], am Sauerstoff acyliert [(262)→(265)], und reagiert bei der Kolbe-Reaktion an einem Ring-Kohlenstoffatom [(262)→(266)]. Der Angriff am Pyridon-Anion [z. B. (262)] spielt mög-licherweise auch bei einigen anderen elektrophilen Substitutionen eine

Rolle, etwa bei der Diazo-Kupplung des 4-Chinolons (vgl. Abschnitt 2.III.C.4).

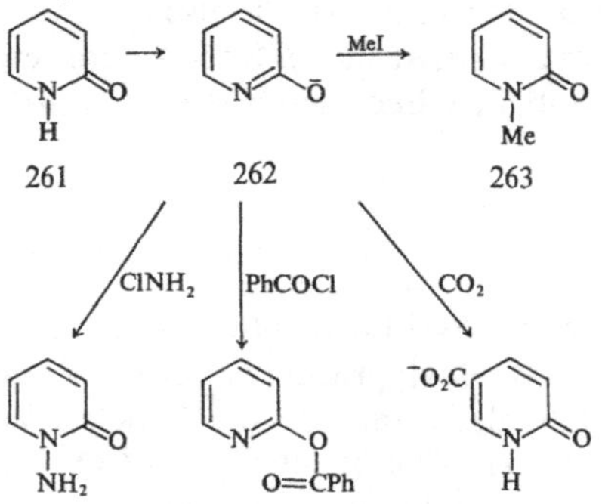

261   262   263

264   265   266

2. Katalytische Hydrierung

Pyridine werden an Raney-Nickel bei 120 °C leicht zu Piperidinen hydriert. Die Reduktion mit Edelmetallkatalysatoren verläuft glatt (bei 20 °C), wenn die Basen in Form ihrer Hydrochloride vorliegen. Die freien Basen pflegen die Katalysatoren zu vergiften. Ein Pyridin-Ring wird leichter reduziert als ein Benzolring; so liefert 2-Phenylpyridin 2-Phenylpiperidin (267), Chinolin gibt 1,2,3,4-Tetrahydrochinolin (268), und Acridin liefert 9,10-Dihydroacridin (269).

Pyridinium- und Pyrylium-Ionen, Pyridone und Pyrone werden leicht hydriert. Beispielsweise erhält man aus dem Flavylium-Ion (270) und aus Cumarin die Verbindungen (271) bzw. (272).

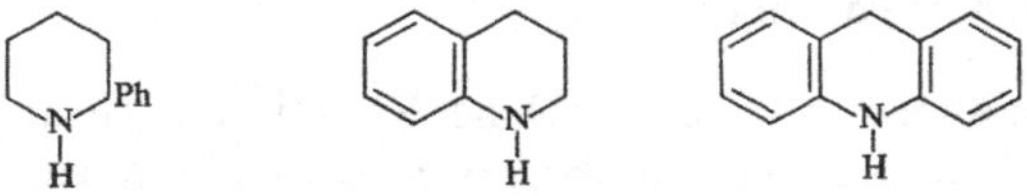

267   268   269

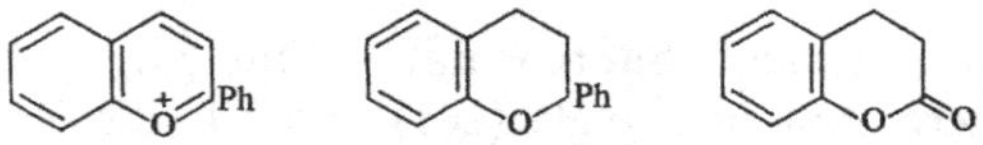

270   271   272

3. Andere Reaktionen

α-Pyrone zeigen weniger aromatischen Charakter als Pyridone oder γ-Pyrone und gehen daher Diels-Alder-Reaktionen ein. Mit Maleinsäureanhydrid werden Addukte vom Typ (273) gebildet; diese Addukte können Kohlendioxyd abspalten und mit einem zweiten Molekül des Anhydrids zu (274) weiter reagieren.

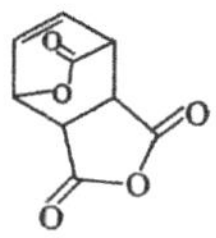

273 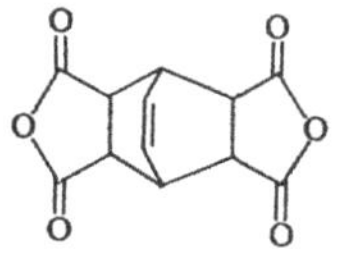   274 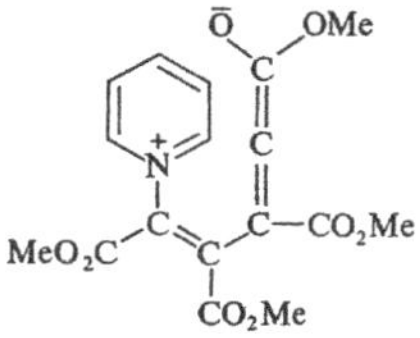   275

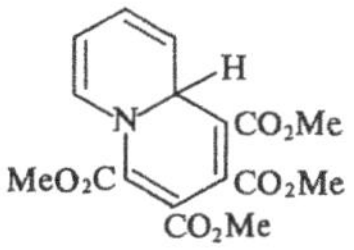

276 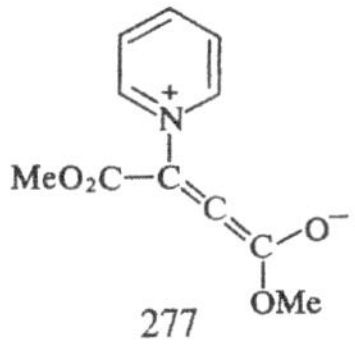   277

Pyridin gibt mit Acetylendicarbonsäureester (275), (276) und andere Produkte. Chinoline und Isochinoline reagieren ähnlich. Das Primär-produkt ist in allen Fällen möglicherweise vom Typ (277) und demnach durch eine Reaktion vom Michael-Typ entstanden. Dieses Primärprodukt reagiert anschließend mit einem zweiten Molekül Acetylendicarbonsäure-ester weiter, wodurch sich die beobachteten Verbindungen ergeben.

IV. Die Reaktionen von Substituenten an aromatischen Ringen

In diesem Abschnitt werden die Substituenten am Kohlenstoff und jene am Stickstoff ihres unterschiedlichen Charakters wegen getrennt besprochen. Wichtige Synthesewege zu substituierten Derivaten sind im Abschnitt 2.IV.C zusammengestellt.

A. Substituenten am Kohlenstoff

1. Allgemeiner Überblick

Vergleicht man die Reaktionen gleicher Substituenten an hetero-aromatischen Kernen und an Benzolringen, so sind die Unter-schiede in der Reaktivität ein Maß für den Einfluß des Heteroatoms. Bei sechsgliedrigen heteroaromatischen Ringen ist der Einfluß des Heteroatoms relativ gering, wenn der Substituent in β-Stellung zum Heteroatom steht. Handelt es sich jedoch um α- und γ-Substituenten, so ist der Unterschied im Reaktionsverhalten groß.

a) Umgebung des Substituenten. Ein α-Substituent am Pyridin (278) befindet sich in einer elektronischen Umgebung, die derjenigen eines Substituenten an der entsprechenden Imino-Verbindung (279) ähnlich ist. Da die Reaktionen der Carbonyl-Verbindungen (280) besser bekannt sind als die der Imino-Verbindungen (279), lassen sich die Reaktionen α-substituierter Pyridine vielleicht am besten mit denen der analogen Carbonyl-Verbindungen vergleichen. Der Elektronenzug ist jedoch in Carbonyl-Verbindungen erheblich größer als in Pyridin; die α-Substituenten am Pyridin zeigen demgemäß eine Reaktivität, die zwischen der von Substituenten am Benzol und der von Substituenten in Nachbarschaft zu Carbonyl-Gruppen liegt. Der elektronenanziehende Effekt des Ring-Stickstoffatoms kann zur γ-Position des Pyridins übertragen werden (281) (eine Veranschaulichung des Vinylogie-Prinzips). Deswegen haben γ-Substituenten ähnliche Eigenschaften wie α-Substituenten.

278   279   280   281   282   283   284

In Pyridinium-, Pyrylium- und Thiopyrylium-Ionen (282) ist der Elektronenzug des positiv geladenen Heteroatoms stärker als in Carbonyl-Verbindungen; Substituenten in α- oder γ-Stellung dieser kationischen Ringe zeigen dementsprechend eine erhöhte Reaktivität.

Pyridone, Pyrone, Thiopyrone und N-Oxide können je nach den Erfordernissen der betreffenden Reaktion entweder Elektronen liefern oder abziehen (vgl. die Diskussion in Abschnitt 2.III.A.3). Man findet gewöhnlich, daß Substituenten in α- oder γ-Stellung zum Heteroatom in 2- und 4-Pyridonen, 2- und 4-Pyronen und 2- und 4-Thiopyronen [z.B. (283)] sowie Pyridin-1-oxyden (284) durch Elektronenentzug weitgehend ähnlich wie in Pyridin selbst aktiviert werden.

β-Substituenten sind mit dem Heteroatom nicht konjugiert und reagieren daher gewöhnlich ähnlich wie an einem Benzolring (vgl. jedoch die Abschnitte 2.IV.A.3 und 5).

b) Die Carbonyl-Analogie. Die Reaktionen von Substituenten werden häufig durch eine benachbarte Carbonyl-Gruppe weitgehend modifiziert. Wie aus der Diskussion im vorangehenden Abschnitt zu erwarten ist, werden die Reaktionen von α- und γ-Substituenten an sechsgliedrigen heterocyclischen Ringen durch das Heteroatom ähnlich beeinflußt. Die verschiedenen Effekte auf die Substituenten können in sechs Gruppen gegliedert werden (1.—6.). Beispiele für diese Effekte sind in der Tabelle sowohl für Carbonyl- als auch für heterocyclische Verbindungen enthalten.

Reaktionstyp	Gruppe	α- oder γ-Gruppen in Pyridin	Siehe Abschnitt	Vergleiche mit
Nucleophile Substitution	Nitro	werden leicht substituiert	2.IV.A.7.e	—
	Halogen	werden substituiert	2.IV.A.5	Säurechloriden
	Alkoxyl ⎱ Amino ⎰	werden substituiert, wenn zusätzlich aktiviert	2.IV.A.6.a 2.IV.A.7.a	Estern Amiden
Protonen-Abspaltung	Hydroxyl	sind sauer	2.IV.A.6.b	Carbonsäuren
	Amino	sind weniger basisch	2.IV.A.7.a	Amiden
	Alkyl	werden „aktiviert"	2.IV.A.6.a	Ketonen
Tautomerie	Hydroxyl	existieren zu ca. 99,9 % in der On-Form	2.IV.A.6.b	Carbonsäuren (zwei äquivalente Strukturen)
	Amino	existieren zu ca. 0,1 % in der Onimin-Form	2.IV.A.7.a	Amiden
	Mercapto	existieren zu ca. 99,9 % in der Thion-form	2.IV.A.8.a	Thiocarbon-säuren
Decarboxy-lierung	Carboxyl	decarboxylieren bei ca. 200 °C	2.IV.A.4.a	α-Ketosäuren
	Carboxy-methyl	decarboxylieren bei ca. 50 °C	2.IV.A.4.a	β-Ketosäuren
Michael-Reaktionen	Vinyl ⎱ Äthinyl ⎰	gehen Michael-Additionen leicht ein	2.IV.A.4.c	α,β-ungesättigten Ketonen
	β-Hydroxy-äthyl	gehen die umgekehrte Michael-Reaktion leicht ein (verlieren H_2O)	2.IV.A.6.c	β-Hydroxy-ketonen
Elektrophiler Angriff an Phenylgruppen	Phenyl	gehen elektrophile Substitution in *meta*- und *para*-Stellung leicht ein (ca. 1:1)	2.IV.A.2.b	Phenylketonen

1. Gruppen, die Anionen bilden können, werden durch nucleophile Reagentien leicht substituiert (285).

2. α'-Wasserstoffatome werden leicht als Protonen abgespalten (286).

3. Als Folge von 2. ist Tautomerie möglich [(287)⇌(288)].

4. Aus Carboxymethyl- (289) und Carboxyl-Gruppen (290) wird leicht Kohlendioxyd abgespalten.

5. Diese Effekte werden über eine Vinyl-Gruppe hinweg übertragen, so daß nucleophile Reagentien sich an Vinyl- und Äthinyl-Gruppen addieren können (291) (Michael-Reaktion).

6. Aryl-Gruppen werden Elektronen entzogen (292).

285 286 287 288

289 290 291 292 293

c) Der Einfluß eines Substituenten auf die Reaktivität weiterer Substituenten ist im allgemeinen von sekundärer Bedeutung. Er ist ähnlich dem Effekt in polysubstituierten Benzolen.

Ein ankondensierter Benzolring bewirkt, wie beim Naphthalin, eine „Bindungsfixierung". Während Substituenten in 1-Stellung des Isochinolins [(293), beachte die Bezifferung!] sich wie Substituenten in 2-Stellung von Pyridin verhalten, zeigen Substituenten in 3-Stellung von Isochinolin eine geringere Reaktivität als echte α-Substituenten und liegen in dieser Hinsicht zwischen den 2- und 3-Substituenten von Pyridin.

d) Reaktionen von Substituenten, die nicht direkt am heterocyclischen Ring sitzen. Allgemein gehen Substituenten, die vom Ring durch zwei oder mehr gesättigte Kohlenstoffatome getrennt sind, die normalen aliphatischen Reaktionen ein. Eine bemerkenswerte Ausnahme ist die umgekehrte Michael-Reaktion β'-substituierter Äthyl-Verbindungen (vgl. Abschnitt 2.IV.A.6.c).

Substituenten, die direkt an einen ankondensierten Benzolring oder an Aryl-Gruppen gebunden sind, geben die gleichen Reaktionen wie Substituenten an gewöhnlichen Benzolringen. Selbstverständlich läßt sich ein Substituent am Benzolring von Chinolin besser mit einem Substituenten an Naphthalin als mit einem an Benzol vergleichen; Hydroxy-Derivate dieses Typs gehen z.B. die Bucherer-Reaktion ein:

$$ArOH + (NH_4)_2SO_3 \rightarrow ArNH_2,$$

die für Naphthole typisch ist.

2. Benzolringe

a) Ankondensierte Benzolringe. 1. Unsubstituierte Benzolringe. In Verbindungen mit ankondensierten Benzolringen tritt eine elektrophile Substitution am Kohlenstoff gewöhnlich bevorzugt im Benzolring ein, und nicht im heterocyclischen Ring. Häufig ist die Orientierung in diesen

Verbindungen analog wie in Naphthalin. Die Nitrierung (H_2SO_4—HNO_3, 0 °C) von Chinolin und Isochinolin erfolgt in den den α-Stellungen des Naphthalins entsprechenden Positionen, wie in den Formeln (294) und (295) gezeigt. Die Sulfonierung von Chinolin und Isochinolin (H_2SO_4— —SO_3) ist temperaturabhängig (100 — 300 °C) und liefert 5-, 6-, 7- und 8-Chinolinsulfonsäure bzw. 5-, 7- (?) und 8-Isochinolinsulfonsäure, wieder in Analogie zum Naphthalin.

Kräftige Oxydation (z. B. mit $KMnO_4$) zerstört meist die ankondensierten Benzolringe bevorzugt vor den Pyridin-Ringen, vor allem beim Arbeiten unter sauren Bedingungen. Chinolin und Isochinolin liefern die Pyridincarbonsäuren (296) bzw. (297). Die Oxydation eines ankondensierten Benzolrings wird erleichtert, wenn er elektronenabgebende Gruppen trägt, und erschwert durch elektronenanziehende Gruppen. Die Ozonolyse von Chinolin ergibt Glyoxal und Pyridin-2,3-dicarboxaldehyd.

| 294 | 295 | 296 | 297 |

2. Substituierte Benzolringe. Substituenten an den Benzolringen beeinflussen den Ort und die Leichtigkeit elektrophiler Substitutionen in bekannter Weise. Beispielsweise erfolgt die Weiternitrierung (H_2SO_4— —SO_3—HNO_3) von 5- und 8-Nitrochinolin in *meta*-Stellung zur Nitro-Gruppe, wie es die Formeln (298) und (299) zeigen. Die Friedel-Crafts-Acylierung gelingt beim 8-Methoxychinolin [vgl. (300)], während sie beim Chinolin selbst nicht eintritt.

| 298 | 299 | 300 |

| 301 | 302 |

Ein heterocyclischer Ring induziert eine partielle Fixierung der Doppelbindung in einem ankondensierten Benzolring. Infolgedessen erfolgt die Diazo-Kupplung in 5-Stellung von 6-Hydroxychinolin (301), nicht aber in 7-Stellung.

b) Aryl-Gruppen. Elektrophile Substitutionen erfolgen gewöhnlich bevorzugt in der Aryl-Gruppe. In Verbindungen, die sowohl eine Aryl-Gruppe als auch einen ankondensierten Benzolring enthalten, greifen elektrophile Reagentien gewöhnlich ausschließlich die Aryl-Gruppe an. Die Nitrierung von α- und γ-Phenylpyridin liefert Gemische der *o-*, *m-* und *p*-Nitrophenyl-Derivate [vgl. (302)]; dies ist ein gutes Beispiel für eine Reaktivität, die zwischen der der entsprechenden Carbonyl- und Benzol-Derivate liegt. Acetophenon wird hauptsächlich in *meta*-Stellung, Biphenyl ausschließlich in *ortho-* und *para*-Stellung nitriert.

3. Alkyl-Gruppen

a) Alkylgruppen, die an heteroaromatische Systeme gebunden sind, gehen häufig die gleichen Reaktionen ein wie diejenigen an Benzolringen:

1. Oxydation in Lösung ($KMnO_4$, CrO_3 usw.) gibt die entsprechende Carbonsäure bzw. das entsprechende Keton [z. B. 3-Picolin→Nicotinsäure (303) und 2-Benzylpyridin→2-Benzoylpyridin (304)].

2. Kontrollierte katalytische Dampfphasenoxydation wandelt 2-, 3- und 4-Picoline in 2-, 3- bzw. 4-Pyridincarboxaldehyd um.

3. Die radikalische Bromierung mit N-Bromsuccinimid gelingt; z. B. ergibt 2,6-Dimethyl-4-pyron das Bromderivat (305).

303   304   305

b) α- und γ-Alkylpyridine. Neben den in den vorangehenden Abschnitten besprochenen Reaktionen zeigen Alkylgruppen in den α- und γ-Stellungen von Pyridin Reaktionen, die durch die leichte Abspaltung eines Protons von dem dem Ring benachbarten Kohlenstoffatom der Alkylgruppe zustande kommen (vgl. Abschnitt 2.IV.A.1).

Sehr starke Basen, wie Natriumamid ($NaNH_2 - NH_3$, $-40\,°C$) oder metallorganische Verbindungen ($PhLi - Et_2O$, $40\,°C$), wandeln 2- und 4-Alkylpyridine praktisch vollständig in die entsprechenden Anionen um [z. B. (306)]. Diese Anionen reagieren selbst mit schwach elektrophilen Reagentien leicht (307), so daß die Alkylgruppe in folgender Weise substituiert werden kann:

1. Alkylierung; z. B. gibt 2-Picolin (308) 2-*n*-Propylpyridin (309).
2. Acylierung; z. B. gibt Lepidin (310) 4-Phenacylchinolin (311).
3. Carboxylierung; z. B. führt 2-Picolin (308) zu 2-Pyridinessigsäure

(312), die vor ihrer Isolierung verestert werden muß (vgl. Abschnitt 2.IV.A.4.a).

4. Reaktion mit Carbonylverbindungen liefert Alkohole; z.B. erhält man aus 2-Picolin (308) den tertiären Alkohol (313).

Auch die Methylgruppe von 3-Picolin ist genügend reaktiv, um in dieser Weise alkyliert und acyliert zu werden, allerdings sind die Ausbeuten klein.

In wäßriger oder alkoholischer Lösung bilden 2- und 4-Alkylpyridine mit Basen spurenweise Anionen des Typs (306). Mit geeigneten elektrophilen Reagentien reagieren diese Anionen genügend schnell und praktisch irreversibel. Als typische Beispiele für solche Reaktionen sollen nachstehend 4-Picolin (315) und Chinaldin (319) dienen:

1. Formaldehyd gibt Polyalkohole [(315)→(317)].

2. Andere aliphatische Aldehyde führen zu Monoalkoholen [(315)→ (316)].

3. Aromatische Aldehyde liefern Styryl-Derivate [(315)→(314)] durch spontane Dehydrierung des intermediär gebildeten Alkohols (vgl. Abschnitt 2.IV.A.6.c).

4. Halogene substituieren alle Wasserstoffatome am α'-Kohlenstoffatom [(319)→(318)].

5. Formaldehyd und Amine ergeben Mannich-Basen [(319)→(320)].

Diese Reaktionen können durch Alkoxyd- oder Hydroxyd-Ionen, Amine oder durch das Alkylpyridin selbst katalysiert werden. Andererseits kann auch ein saurer Katalysator wie Essigsäureanhydrid verwendet werden; saure Katalysatoren bilden Komplexe vom Typ (321), welche leicht ein Proton abgeben.

c) Alkylpyridin-1-oxyde und Alkylpyridone. α- und γ-Alkylgruppen an Pyridin-1-oxyden sind etwas reaktionsbereiter als solche an Pyridinen. Zusätzlich zu den im vorangehenden Abschnitt angeführten Reaktionen geht 2-Picolin-1-oxyd mit Äthyloxalat eine Claisen-Kondensation ein unter Bildung des substituierten Brenztraubensäureesters (322).

α- und γ-Alkylgruppen an Pyronen und Pyridonen geben gleichfalls zahlreiche Reaktionen des im vorangehenden Abschnitt besprochenen Typs. Beispielsweise reagiert 2,6-Dimethylpyron mit Benzaldehyd zum Styryl-Derivat (323).

d) Alkylpyridinium- und -pyrylium-Verbindungen. Die Abspaltung eines Protons von α- und γ-Alkylgruppen an einem kationischen (Pyridinium- oder Pyrylium-) Ring geht verhältnismäßig leicht vor sich. Die entstehenden neutralen Anhydrobasen oder „Pyridonmethide" [vgl. (324)] lassen sich bei Verwendung von 10 N Natriumhydroxyd isolieren. Diese Anhydrobasen reagieren gern mit elektrophilen Reagentien und bilden dabei Produkte, die häufig erneut ein Proton verlieren und eine neue resonanzstabilisierte Anhydrobase entstehen lassen. So reagiert Anhydro-1,2-dimethylpyridinium-hydroxyd (324) mit Phenylisocyanat zum Addukt (326), das in das stabilisierte Produkt (327)↔(328) umgewandelt wird. Mit Schwefelkohlenstoff liefert (324) in analoger Reaktion die Dithiocarbonsäure (325).

Kationische α- und γ-Alkyl-heterocyclen können auch, in Analogie zu den 2- und 4-Alkylpyridinen, mit elektrophilen Reagentien ohne vorherige vollständige Deprotonierung umgesetzt werden. Sie geben unter milderen Bedingungen die gleichen Reaktionstypen wie die Alkylpyridine, und diese Reaktionen werden häufig durch Piperidin katalysiert [z. B. (329)→(330)].

Einige schwach elektrophile Reagentien, die gegen Pyridin gewöhnlich inert sind, reagieren gleichfalls. Diazoniumsalze liefern Phenylhydrazone [z. B. (331)→(332), Z=NMe, O] in einer Reaktion, die der Japp-Klingemann-Reaktion von β-Ketoestern zu Phenylhydrazonen analog ist. Die Darstellung von Cyanin-Farbstoffen fällt unter diese Rubrik. Monomethincyanine bilden sich durch Reaktion mit einem quartären Iodo-Salz: z. B. (333)+(334)→[(335), $n=0$]. Tri- und Pentacarbocyanine [(335), $n=1$ bzw. 2] entstehen durch Reaktion von zwei Molekülen eines quartären Salzes mit einem Molekül Äthyl-orthoformiat [(336), $n=0$] bzw. β-Äthoxy-acroleinacetal [(336), $n=1$].

e) Tautomerie von Alkylpyridinen. Analog zur Tautomerie der Hydroxy- und Aminopyridine (vgl. Abschnitte 2.IV.A.6.c und 7.a) gibt es auch von den 2- und 4-Alkylpyridinen alternative tautomere Alkyliden-Formen [z. B. (337) für 2-Picolin]. Da jedoch nur ein kleiner Anteil eines Aminopyridins in der Imino-Form existiert, ist zu erwarten, daß die Alkyliden-Form eine noch geringere Bedeutung aufweisen sollte (vgl. die Argumente in Abschnitt 2.IV.A.7.a). Bei einfachen Alkylverbindungen kann man auf Grund von Basizitätsbetrachtungen (vgl. Abschnitt 7.4) abschätzen, daß die Alkyliden-Form am Gleichgewicht nur in einem Verhältnis von etwa $1:10^{11}$ beteiligt ist.

4. Andere Kohlenstoff enthaltende funktionelle Gruppen

a) Carbonsäuren. Pyridincarbonsäuren sind Aminosäuren und existieren folglich teilweise in der zwitterionischen oder Betain-Form (338).

Pyridincarbonsäuren decarboxylieren beim Erhitzen mit zunehmender Leichtigkeit in der Reihenfolge $\beta \ll \gamma < \alpha$. Pyron- und Pyridoncarbonsäuren decarboxylieren ebenfalls leicht. Die relativ leichte Decarboxylierung von α- und γ-Carbonsäuren ist eine Folge der induktiven Stabilisierung intermediärer Ionen vom Typ (339) (vgl. Abschnitt 2.IV.A.1); ihre Existenz läßt sich beweisen, indem man die Decarboxylierung in Gegenwart von Aldehyden oder Ketonen vornimmt, wobei Produkte vom Typ (340) gebildet werden (Hammick-Reaktion).

Pyridine mit einer α- oder γ-Carboxymethylgruppe [z. B. (341)] werden ohne Schwierigkeiten decarboxyliert [(341)→(342)]; der Mechanismus ist der Decarboxylierung von β-Ketosäuren ähnlich (vgl. Abschnitt 2.IV.A.1). Carboxymethylpyridine decarboxylieren sogar häufig spontan; z.B. führt die Hydrolyse von (343) zu (344). 3-Pyridinessigsäure dagegen zeigt keine Tendenz zur Decarboxylierung.

Bei den meisten anderen Reaktionen verhalten sich Pyridincarbonsäuren und ihre Derivate wie zu erwarten (vgl. das Reaktionsschema).

Einige Säurechloride lassen sich jedoch nur in Form ihrer Hydrochloride erhalten.

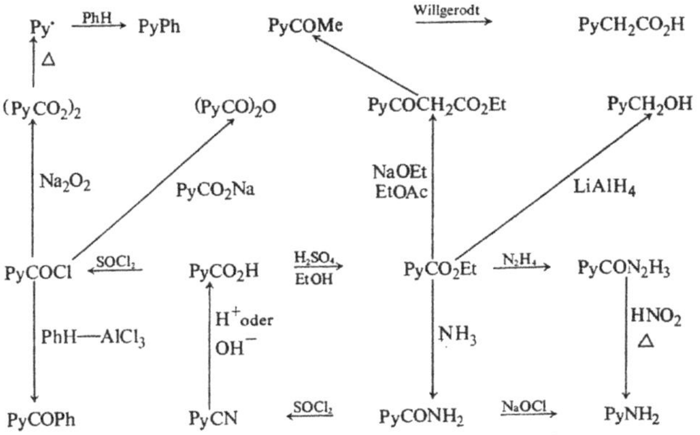

(Py bedeutet 2−, 3−, oder 4− Pyridyl)

b) Aldehyde und Ketone. Ganz allgemein sind die Eigenschaften dieser Verbindungen ähnlich wie die ihrer Benzol-Analogen. Aldehydgruppen in α-Stellung zum Heteroatom gehen sehr leicht eine Benzoin-Kondensation ein, weil die Endprodukte als wasserstoffbrückengebundene Endiole [z. B. (345)] stabilisiert werden.

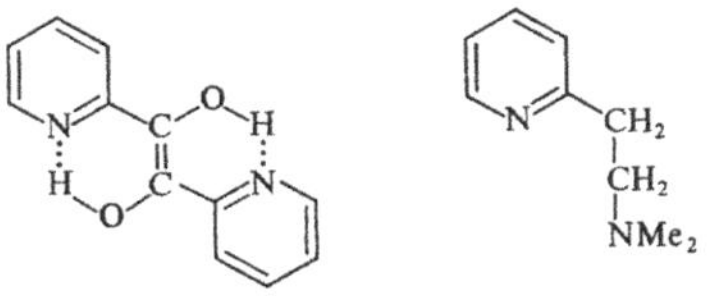

345   346

c) Vinyl- und Äthinyl-Gruppen. Vinylgruppen in α- oder γ-Stellung zum Pyridin-Stickstoffatom gehen gerne Michael-Additionen ein. Wasser, Alkohole, Ammoniak, Amine und Cyanwasserstoff sind Beispiele für nucleophile Reagentien, die addiert werden können. Beispielsweise liefert 2-Vinylpyridin mit Dimethylamin das Addukt (346). Die Orientierung bei diesen Michael-Additionen ist wie zu erwarten (vgl. Abschnitt 2.IV.A.1). Diese Gruppen zeigen ferner die üblichen Olefin-Reaktionen.

5. Halogenatome

Die nucleophile Substitution eines α- oder γ-Halogenatoms wird durch die Resonanzstabilisierung des Übergangszustands erleichtert (vgl. Säurehalogenide und s. Abschnitt 2.IV.A.1). Ein typisches Beispiel sind die Reaktionen des 2-Brompyridins, die hier ausführlicher besprochen werden sollen. Das Bromatom kann durch die folgenden Gruppen unter den angegebenen Bedingungen ersetzt werden:

1. Hydroxyl*, mittels NaOH−H₂O bei 150 °C.
2. Alkoxyl, z.B. Methoxyl, mittels NaOMe−MeOH, 65 °C.
3. Phenoxyl, mittels PhONa−EtOH.
4. Mercapto, mittels KSH-Propylenglykol.
5. Methylmercapto, mittels NaSMe−MeOH, 65 °C.
6. Amino (NH₃−H₂O, 200 °C) oder Dimethylamino (NHMe₂, 150 °C).
7. Cyano, durch Destillation über CuCN.
8. Di-(äthoxycarbonyl)-methyl, mittels Natriummalonester.

Die relative Reaktivität bezüglich des nucleophilen Ersatzes steigt in der Reihenfolge Cl < Br < J. Fluorverbindungen sind bislang nur wenig untersucht worden. Die Reaktionen der 4-Halogenpyridine ähneln denen der entsprechenden 2-Isomeren mit der Ausnahme, daß 4-Halogenpyridine sehr viel leichter polymerisieren [z.B. zu (347)], da das Pyridin-Stickstoffatom nicht sterisch gehindert und stärker basisch ist (vgl. Abschnitt 2.III.B.2).

α- und γ-Halogenatome an Benzopyridinen, Benzopyridonen, Benzopyronen [z.B. (348)] und N-Oxyden [z.B. (349)] sind etwa so reaktionsfähig wie die an Pyridin selbst. Halogenatome in α- und γ-Stellung von kationischen Kernen sind sehr reaktionsfähig, wie die Hydrolyse des 2,6-Dibrom-1-methylpyridinium-Ions bei 20 °C zeigt [(350)→(351)].

β-Halogenpyridine sind gegen eine nucleophile Substitution weniger anfällig als die α- und γ-Isomeren, aber deutlich reaktionsfähiger als nichtaktivierte Phenylhalogenide. Beispielsweise läßt sich ein Bromatom in 3-Stellung von Pyridin oder Chinolin durch die Methoxyl- (NaOMe−−MeOH, 150 °C) oder Aminogruppe (NH₃−H₂O−CuSO₄, 160 °C) ersetzen. Bei einigen Reaktionen dieses Typs konnte gezeigt werden, daß

---

* Die Produkte tautomerisieren zu einer alternativen Form, vgl. Abschnitt 2.IV.A.6.c und 2.IV.A.8.a.

sie über Dehydropyridine [z. B. (352)] verlaufen, die durch primäre Abspaltung von Halogenwasserstoff entstehen.

Wie in der Benzolchemie werden alle Sorten von Halogenatomen durch die Gegenwart anderer elektronenanziehender Gruppen für eine nucleophile Substitution aktiviert. Dies zeigt sich z. B. in der Umwandlung von 2-Chlor-5-nitropyridin (354) in das 2-Hydrazino- (353) und das 2-Oxo- oder 2-Thioxo-Derivat (355) unter den angegebenen milden Bedingungen.

Kern-Halogenatome zeigen ferner zahlreiche Reaktionen, die für Aryl-Halogenatome typisch sind.

1. Sie lassen sich durch katalytische (Pd, Ni usw.) oder chemische Reduktion (HJ oder $Zn-H_2SO_4$) durch Wasserstoff ersetzen.

2. Sie bilden Grignard-Verbindungen, die die normalen Reaktionen zeigen. Jedoch ist es bei der Herstellung solcher Grignard-Reaktionen meist erforderlich, Äthylbromid zur Aktivierung des Magnesiums zuzusetzen.

3. Die Ullmann-Reaktion tritt ein; z. B. gibt 2-Brompyridin 2,2'-Dipyridyl (mit Cu).

6. Sauerstoff enthaltende funktionelle Gruppen

a) Alkoxyl-Gruppen. α- und γ-Alkoxypyridine lassen sich mit Estern vergleichen. Diese Alkoxylgruppen können nucleophil substituiert werden, wenn sie durch einen anderen Substituenten zusätzlich aktiviert sind, wie es beim 4-Methoxy-3-nitropyridin der Fall ist [(356)→(357)]. Der nucleophile Ersatz von Alkoxylgruppen an kationischen Ringen gelingt außerordentlich leicht, z. B. führt das 4-Methoxy-2,6-dimethyl-pyrylium-Kation (359) zu (358) oder (360).

Pyridine und Benzopyridine mit Alkoxylgruppen in α- oder γ-Stellung lagern sich beim Erhitzen in N-Alkyl-2- und -4-pyridone um. 2-Methoxypyridin ergibt bei 300 °C 1-Methyl-2-pyridon, während 2-Methoxychinolin bei 100 °C das 2-Chinolon liefert. Bei diesen intermolekularen Reaktionen wirkt ein Molekül der Alkoxy-Verbindung als Alkylierungsmittel für ein zweites Molekül.

b) Acyloxy-Gruppen. Auf Grund der Carbonyl-Analogie sind Acyloxypyridine mit Säureanhydriden zu vergleichen. Dementsprechend sind 2- und 4-Acyloxy-Derivate gute Acylierungsreagentien; tatsächlich lassen sie sich nur schwierig isolieren, da sie leicht hydrolysieren. Phosphorsäureester vom Typ (361) sind gute Phosphorylierungsreagentien.

c) Hydroxyl-Gruppen. Hydroxypyridine (362) sind schwache Säuren vom Phenol-Typ und zugleich Basen; sie können daher als Zwitterionen (363) existieren. Die Zwitterionen von 2- und 4-Hydroxypyridinen sind als 2- und 4-Pyridone bekannt, denn ihre ungeladenen kanonischen Formen [z. B. (364) und (365)] sind die in wäßriger Lösung vorherrschenden Spezies (vgl. Abschnitte 2.III.A.3 und 2.IV.A.6.d). Physikalische Messungen zeigen, daß bei den α- und γ-Hydroxypyridinen in wäßriger Lösung nur etwa 0,1 % in der Hydroxypyridin-Form vorliegen.

361 362 363 364 365

366 367

Bei den β-Hydroxypyridinen existieren in wäßriger Lösung die Hydroxy- und die Zwitterionenform in vergleichbaren Mengen nebeneinander. 3-Hydroxypyridin verhält sich wie ein typisches Phenol. Es gibt mit Eisen(III)-chlorid eine intensive Violettfärbung und bildet mit Natriumhydroxyd ein Salz (366), das mit Alkylhalogeniden alkyliert [zu (367), Y = Alkyl] und mit Säurechloriden acyliert [zu (367), Y = Acyl] werden kann.

Hydroxypyridin-1-oxyde sind gleichfalls tautomer; das 4-Isomere existiert zu etwa gleichen Mengen in den Formen (368) und (369). Hydroxypyrone und -pyridone zeigen eine andere Art der Tautomerie; die α-on-Struktur [z. B. (370)] ist gegenüber der γ-on-Struktur (371) bevorzugt. α- und γ-Hydroxy-Kationen [z. B. (372)] sind die konjugierten

Säuren von Pyridonen und Pyronen [z. B. (373)] und werden im nächsten Abschnitt behandelt.

368   369   370   371   372   373

Hydroxylgruppen, die durch mindestens ein gesättigtes Kohlenstoffatom vom Heteroring getrennt sind, werden von diesem gewöhnlich nicht beeinflußt. Eine Ausnahme besteht in der leichten Dehydratisierung (Umkehrung der Michael-Addition) von α- oder γ-(2-Hydroxyäthyl)-Gruppen [z. B. (374)→(375)].

374   375   376   377   378

d) Pyridone, Pyrone und Thiopyrone. Wie im vorangehenden Abschnitt besprochen, sind diese Verbindungen mesomer mit Carbonyl- und zwitterionischen kanonischen Formen [z. B. (376) ↔ (377), Z = NR, O, S]. Sie sind gewöhnlich recht stabil und hoch aromatisch, indem sie „Rückkehr zum Typ" zeigen (vgl. Abschnitt 1.3.3). Eine Übersicht über ihre Reaktivität findet sich in Abschnitt 2.III.A.3. Hier werden der elektrophile Angriff auf das Carbonyl-Sauerstoffatom und der nucleophile Angriff auf das Carbonyl-Kohlenstoffatom bei Reaktionen, die zu einer Substitution (nicht zur Ringöffnung) führen, besprochen.

1. Elektrophiler Angriff am Sauerstoff. Pyridone und Pyrone sind schwache Basen: der pK_a-Wert von 4- und 2-Pyridon beträgt 3,3 bzw. 0,8. Die Protonenaddition erfolgt am Carbonyl-Sauerstoffatom [z. B. (376) ↔ (377) → (378)]. Die O-Alkylierung von Pyridonen ist mit Diazomethan möglich; 2-Pyridon bildet 2-Methoxypyridin. Häufig verlaufen O- und N-Alkylierung nebeneinander: 4-Pyridon liefert mit CH_2N_2 4-Methoxypyridin und 1-Methyl-4-pyridon. Die O-Acylierung von Pyridonen ist mit Säurechloriden möglich. Die Alkylierung von Pyridonen über das Anion wurde in Abschnitt 2.III.F.1 besprochen.

2. Nucleophile Substitutionen. Pyridone und Pyrone verhalten sich wie cyclische Amide und Ester und reagieren, wie vorauszusehen, gewöhnlich nicht mit „Keton-Reagentien" wie HCN, RNH_2, $NaHSO_3$, NH_2OH, N_2H_4, PhN_2H_3 oder $H_2NCON_2H_3$. Stärker nucleophile Reagentien, d. h. solche, die Amide angreifen, reagieren meist auch mit Pyridonen und Pyronen. So lassen sich Pyridone mit $POCl_3$ oder PCl_5

in Chlorpyridine umwandeln; z. B. wird 2-Methyl-4-chinolon (379) in (380) übergeführt. Ähnlich kann man Brompyridine durch Umsetzung mit PBr$_5$ herstellen. Alkyl-Substituenten am Pyridon-Stickstoffatom werden bei Reaktionen dieses Typs gewöhnlich abgespalten. Phosphorpentasulfid wandelt Carbonyl-Gruppen in Thiocarbonyl-Gruppen um [z. B. (379)→(381)]. Kürzlich wurde auch über Reaktionen von γ-Pyronen mit aktiven Methylen-Gruppen berichtet; z. B. reagiert CH$_2$(CN)$_2$ mit 2,6-Dimethyl-4-pyron unter Bildung von (382).

| 379 | 380 | 381 | 382 |

7. Stickstoff enthaltende funktionelle Gruppen

a) Amino-Imino-Tautomerie. 2- und 4-Aminopyridine [z. B. (383)] können auch in der tautomeren Pyridonimin-Form [z. B. (385)] existieren. Basizitätsmessungen zeigen jedoch (vgl. Abschnitt 7.4), daß die Pyridonimin-Formen keine nennenswerte Bedeutung besitzen und nur zu etwa 0,01 % am Gleichgewicht beteiligt sind. Dieses Verhalten steht in direktem Widerspruch zu dem der 2- und 4-Hydroxypyridine, die weitgehend als Pyridone vorliegen (vgl. Abschnitt 2.IV.A.6.c). Der Unterschied läßt sich verstehen, wenn man die Mesomerieverhältnisse bei den verschiedenen Formen betrachtet. Die Resonanzstabilisierung von Aminopyridinen [(383) ↔ (384)] ist größer als die von Hydroxypyridinen, während die Resonanzstabilisierung von Pyridoniminen [(385) ↔ (386)] geringer als die von Pyridonen ist.

| 383 | 384 | 385 | 386 |

b) α- und γ-Amino-Gruppen. In 2- und 4-Aminopyridinen erhöhen kanonische Formeln vom Typ (384) die Reaktivität des Ring-Stickstoffatoms und der α- und γ-Kohlenstoffatome (vgl. Abschnitt 2.III.A.5) gegen elektrophile Reagentien, erniedrigen aber die Reaktivität der Aminogruppe. Folglich reagieren Protonen, Alkylierungsmittel und Metall-Ionen am Ring-Stickstoffatom (vgl. Abschnitt 2.III.B.1). Andere elektrophile Reagentien, nämlich die für die Nitrierung, Sulfonierung und Halogenierung verantwortlichen, greifen an den Ring-Kohlenstoffatomen an (vgl. die Abschnitte 2.III.C.1 bis 3).

Einige elektrophile Reagentien reagieren jedoch an der Aminogruppe. Reaktionen dieses Typs treten ein, wenn die Primärreaktion am Pyridin-Stickstoffatom ein instabiles Produkt ergibt, das unter Regenerierung der Ausgangspartner dissoziiert oder sich inter- oder intramolekular umlagert. Diese Reaktionen sind für 2-Aminopyridin in den Formeln (387) bis (398) dargestellt.

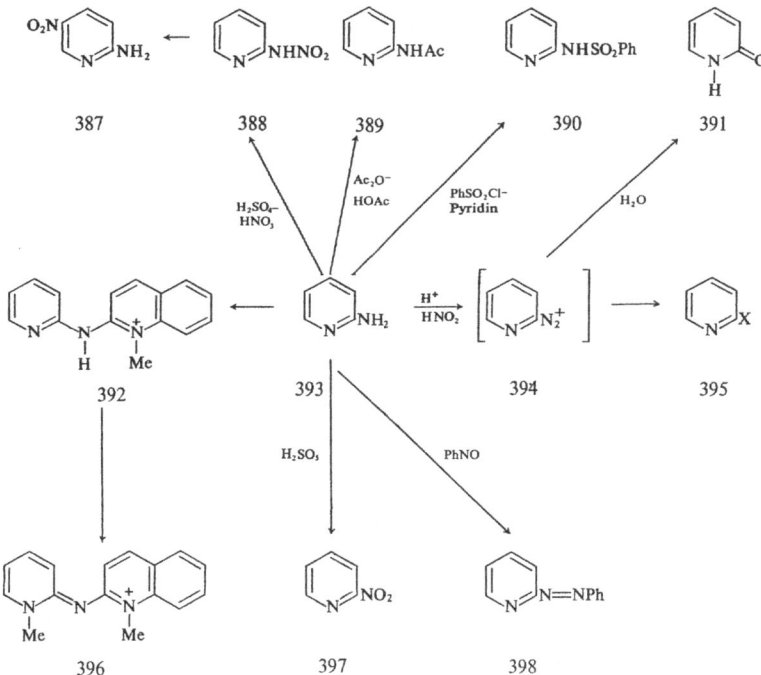

1. Carbonsäure- und Sulfonsäurechloride und -anhydride liefern Acylamino- (389) bzw. Sulfonamidopyridine (390).

2. Salpetersäure/Schwefelsäure gibt Nitramino-Verbindungen (388), die sich leicht zu C-Nitro-Derivaten (387) umlagern (vgl. Abschnitt 2.III.C.1).

3. Oxydation durch Peroxyschwefelsäure liefert Nitropyridine (397).

4. Salpetrige Säure führt zu sehr instabilen Diazoniumsalzen (394), die mit Halogenid-Ionen Produkte des Typs (395) ergeben.

5. Durch Reaktion mit quartären Halogeniden und anschließende Quaternierung entstehen Azacyanine [(393) → (392) → (396)].

Die Stabilität der Pyridin-2- und -4-diazonium-Ionen ähnelt eher jener der aliphatischen als jener der aromatischen Diazonium-Ionen. Benzoldiazonium-Ionen sind resonanzstabilisiert (399), wobei eine Elektronenabgabe vom Ring eine Rolle spielt. Um eine solche Elektronenabgabe ist es bei den 2- und 4-substituierten Pyridinen ungünstig bestellt, so daß die Instabilität der Pyridin-2- und -4-diazoniumsalze nicht unerwartet ist. Sie reagieren sofort nach ihrer Bildung mit dem Lösungsmittel (Wasser) unter Bildung von Pyridonen (391). Wird die Diazotierung in konzentrierter HCl oder HBr ausgeführt, so lassen sich Chlor- bzw. Brompyridine (395) in brauchbarer Ausbeute erhalten.

So wie kanonische Formeln vom Typ (384) die Anfälligkeit von 2- und 4-Aminogruppen gegen einen elektrophilen Angriff herabsetzen, erleichtern sie die Protonenabspaltung von den Aminogruppen; die gebildeten Anionen [z. B. (400) ↔ (401)] reagieren mit elektrophilen Reagentien bevorzugt am Amino-Stickstoffatom. 2-Aminopyridin (402) läßt sich auf diese Weise mit $NaNH_2 - MeJ$ in das 2-Methylamino-Derivat (403) umwandeln.

c) *β-Amino-Gruppen*. Die Reaktionen von β-Aminogruppen sind denen der Aminogruppe in Anilin sehr ähnlich. Die entsprechenden Diazoniumsalze sind ziemlich stabil, gehen Kupplungs- und Substitutionsreaktionen ein und lassen sich zu Hydrazinen reduzieren.

d) *Andere Amino-Gruppen*. α- und γ-Aminogruppen an Pyridinium-Ringen können ein Proton verlieren und in Pyridonimine übergehen [z. B. (404)→(405)], die instabil und stark basisch sind (pK_a ca. 12).

α- und γ-Aminopyridin-1-oxyde existieren überwiegend in der Amino-Form (406) und nicht in der Imino-Form (407). Amino-N-oxyde lassen sich diazotieren, wobei die Diazoniumsalze Kupplungsreaktionen usw. eingehen. Diese Diazoniumsalze sind resonanzstabilisiert (408), vgl. (399).

e) *Nitro-Gruppen*. α- und γ-Nitrogruppen an Pyridinen und Pyridin-1-oxyden werden durch nucleophile Reagentien glatt substituiert, und zwar leichter als α- und γ-Halogenatome. So wird 4-Nitropyridin (409) durch Natriumäthylat bei 80 °C in das 4-Äthoxy-Derivat (410) umgewandelt. Solche Reaktionen sind besonders für die N-Oxyde von Bedeutung, deren Nitro-Derivate durch direkte Nitrierung leicht zugänglich sind. Ihre Bedeutung wird durch die folgenden Reaktionen verdeutlicht: (412)→(411) und (412)→(413, X = Cl, Br). Die Reaktionen mit HBr und HCl sind säurekatalysiert [vgl. (414)], während die mit Acetylchlorid über Zwischenstufen vom Typ (415) laufen. 4-Nitropyridin gibt beim Aufbewahren (416) und andere Produkte; vgl. die Polymerisation der 4-Halogenpyridine (Abschnitt 2.IV.A.5).

Nitroverbindungen werden leicht katalytisch oder chemisch zu Aminoverbindungen reduziert. Unvollständige Reduktion kann zu einem Hydroxylamin-Derivat oder zu zweikernigen Azo-, Azoxy- und Hydrazoverbindungen führen [z.B. (418)→(417), (419)]. In Gegenwart einer N-Oxyd-Gruppe kann eine Nitrogruppe selektiv reduziert werden [z.B. (412)→(420)].

8. Schwefel enthaltende funktionelle Gruppen

a) Mercapto-Thion-Tautomerie. Pyridine mit α- oder γ-Mercaptogruppen existieren vorwiegend in der Pyridinthion-Form (422), nicht in der Mercapto-Form (421). Sie verhalten sich damit analog wie die entsprechenden Hydroxypyridine (vgl. Abschnitt 2.IV.A.6.e).

b) Thione. Pyridinthione verhalten sich wie cyclische Thioamide und zeigen daher Reaktionen, die für Thioamide typisch sind. So lassen sie sich mit elektrophilen Reagentien am Schwefelatom umsetzen:

1. Alkylhalogenide ergeben Alkylthio-Derivate [(422)→(423)].
2. Jod oxydiert zu Disulfiden [(422)→(424)].
3. Kräftige Oxydation führt zu einer Sulfonsäure [(422)→(425)].

Pyridinthione und Pyranthione reagieren auch wie Thioamide oder Thioester mit den typischen nucleophilen „Keton-Reagentien"; beispielsweise bildet Thiocumarin (426) mit Phenylhydrazin das Hydrazon (427).

c) Sulfonsäure-Gruppen. Pyridinsulfonsäuren existieren als Zwitterionen [z. B. (429)]. Davon abgesehen verhalten sie sich sehr ähnlich wie Benzolsulfonsäure; die Sulfonsäure-Gruppe kann unter scharfen Bedingungen durch Hydroxyl- oder Cyangruppen ersetzt werden [z. B. (429)→(428), (430)].

B. Substituenten am Ring-Stickstoffatom

Die wichtigsten Substituenten sind diejenigen, bei denen ein Sauerstoff- oder Kohlenstoffatom direkt an das Pyridin-Stickstoffatom gebunden ist. Die Reaktionen dieser N-substituierten Verbindungen weisen eine Reihe von Ähnlichkeiten auf, weshalb die verschiedenen Reaktionstypen gemeinsam und nicht für jeden Substituenten einzeln diskutiert werden sollen. Folgende Reaktionstypen werden unterschieden:

1. N-Oxyde und Alkylpyridinium-Verbindungen gehen Umlagerungsreaktionen ein [z. B. (431)→(432)].

2. Die meisten Substituenten am Stickstoff lassen sich durch nucleophilen Angriff abspalten (433); diese Reaktion ist häufig die Umkehrung der Bildungsreaktion (vgl. Abschnitt 2.III.B).

3. Wasserstoffatome an dem dem Ring-Stickstoffatom benachbarten Substituent-Atom können als Protonen abgespalten werden [(434)→(435)]. Die relative Leichtigkeit der Protonenabspaltung hängt vom betreffenden Substituent-Atom ab und steigt in der Reihenfolge $C < N < O$.

4. Zwitterionen, die durch Reaktionen des zuletzt genannten Typs entstehen, reagieren mit elektrophilen Reagentien [(436)→(437)] unter Bildung verschiedenartiger Produkte.

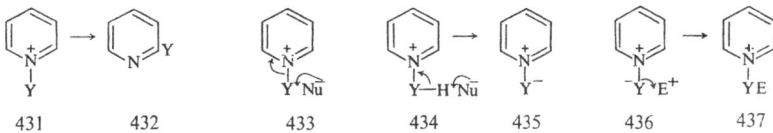

431   432   433   434   435   436   437

1. Umlagerungsreaktionen

1-Alkylpyridinium-halogenide liefern beim Erhitzen Gemische von Alkylpyridinen. Beispielsweise gibt 1-Methyl-pyridiniumjodid 2- und 4-Picolin. Diese Reaktion ist als Ladenburg-Umlagerung bekannt.

Pyridin-1-oxyde werden beim Erhitzen mit Säureanhydriden in guter Ausbeute in Pyridone umgewandelt [(438)→(440)], sofern das N-Oxyd nicht eine α- oder γ-Alkylgruppe trägt. Im letzteren Falle tritt mit Essigsäureanhydrid eine andere Reaktion ein, die zur Bildung eines α- oder γ-Acetoxyalkyl-pyridins (443) führt. Der Angriff auf α- [(441)→(443)] und γ-Alkylgruppen läßt sich ähnlich wie die ortho- bzw. para-Claisen-Umlagerung der Allylphenoläther formulieren. Allerdings ist behauptet

438   439   440

441   442   443

worden, daß die Bildung von (443) über einen Radikal-Käfigmechanismus verläuft.

2. Abspaltung von N-Substituenten

Pyridin-Halogen-Komplexe (444) dissoziieren beim Erhitzen. Das Halogen wird so leicht abgegeben, daß diese Verbindungen als milde Halogenierungsmittel, z. B. gegen Phenol oder Anilin, wirken. Die mit Bortrihalogeniden oder Schwefeltrioxyd gebildeten Komplexe [(445) bzw. (446)] werden durch siedendes Wasser unter Bildung von Pyridin zersetzt. Pyridin-Schwefeltrioxyd ist ein mildes Sulfonierungsreagens (vgl. die Sulfonierung von Furan und Pyrrol, Abschnitt 4.III.B.4).

1-Acyl-pyridinium-Ionen werden durch nucleophile Reagentien sehr leicht angegriffen und sind gute Acylierungsreagentien (vgl. Abschnitt 2.III.B.3.c). 1-Alkyl-pyridiniumhalogenide dissoziieren bei der Destillation im Vakuum reversibel in das Alkylhalogenid und Pyridin.

| 444 | 445 | 446 | 447 | 448 |

Die Reduktion von N-Oxyden liefert die Stamm-Heterocyclen. Sie läßt sich durch Hydrierung über Palladium oder durch chemische Reduktion mit Fe—HOAc oder durch Sauerstoff-Abspaltung mit Phosphortrichlorid [vgl. (447)] erreichen. 1-Alkoxy-pyridinium-Verbindungen reagieren mit Hydroxyd-Ionen unter Bildung von Aldehyden und Pyridinen [vgl. (448)].

3. Protonenabspaltung von N-Substituenten

1-Hydroxypyridinium-Ionen (449) verlieren leicht ein Proton unter Bildung von Pyridin-1-oxyd; die N-Oxyde selbst sind schwache Basen, die durch Protonenanlagerung 1-Hydroxypyridinium-Ionen bilden. Die Protonenabspaltung von N-Imiden ist schwieriger. Ylid-Zwitterionen lassen sich nur in speziellen Fällen isolieren [z. B. (450)]. Die Stabilität von Yliden steigt mit der zunehmenden Möglichkeit einer Verschmierung der negativen Ladung [vgl. (451) ↔ (452)].

| 449 | 450 | 451 | 452 | 453 | 454 | 455 |

4. Reaktionen von N-Substituenten mit elektrophilen Reagentien

Die N-Oxyde gehen mit elektrophilen Reagentien folgende Reaktionen ein:

1. Protonensäuren geben 1-Hydroxypyridinium-Salze (449).
2. Lewis-Säuren bilden Komplexe; z.B. liefert Pyridin-1-oxyd mit SO_3 das Addukt (453).
3. Alkylhalogenide bilden 1-Alkoxypyridinium-Salze [z.B. (448)].

N-Imide bilden mit Säuren Salze [(454)→(455)] und lassen sich acylieren und sulfonieren. So reagiert Pyridin-1-imid mit Tosylchlorid unter Bildung von (454, Y = Ts).

C. Übersicht über Synthesemöglichkeiten substituierter Pyridine

Die vorangehenden Abschnitte behandeln systematisch die Reaktionen von Substituenten. Eine Folge dieser Darstellungsweise ist es, daß die Methoden zur Herstellung substituierter Verbindungen über die Abschnitte, die sich mit den Reaktionen aromatischer Verbindungen und von Substituenten befassen, verstreut sind. Zum leichteren Auffinden werden die wichtigen präparativen Methoden zur Herstellung substituierter Verbindungen nachstehend unter Hinweis auf die betreffenden Abschnitte tabellarisch zusammengefaßt.

Die am häufigsten benützten Methoden zur Einführung von Substituenten in die verschiedenen Positionen des Pyridinkerns sind folgende:

a) 2-Stellung. Substituenten in 2-Stellung werden häufig über die Tschitschibabin-Reaktion eingeführt, die 2-Aminopyridin liefert (Abschnitt 2.III.D.2). Diese lassen sich in 2-Halogenpyridine (Abschnitt 2.IV.A.5) und 2-Pyridone (Abschnitt 2.IV.A.6.d) umwandeln, die vielseitige Zwischenprodukte darstellen.

b) 4-Stellung. Substituenten in 4-Stellung werden am häufigsten durch die weitere Umwandlung der leicht zugänglichen 4-Nitro-pyridin-1-oxyde eingeführt (Abschnitt 2.IV.A.7.e).

c) 3-Stellung. Die Einführung von Substituenten in 3-Stellung ist schwieriger. Pyridine können in 3-Stellung halogeniert, nitriert und sulfoniert werden, doch sind die Ausbeuten klein, sofern nicht in 2-Stellung ein aktivierender Substituent (der anschließend entfernt werden kann) vorhanden ist. Die entstehenden 3-Nitro- und 3-Halogenpyridine lassen sich durch die üblichen Methoden der Benzolchemie in andere Verbindungen umwandeln. 3-Aminopyridin läßt sich durch Hofmannschen Abbau oder Curtius-Umlagerung von Nicotinamid erhalten.

Substituent-Gruppe	Direkte Einführung des Substituenten*	Erhältlich indirekt aus oder ausgehend von
Acyloxy	—	Hydroxylverbindungen (2.IV.A.6.c), N-Oxyden (2.IV.B.1)
Aldehyd	—	Oxydation (2.IV.A.3)
Alkoxyl	—	Nitro- (2.IV.A.7.e), Hydroxyl- (2.IV.A.6.c) u. Halogenverbindungen (2.IV.A.5)
Alkyl	2.III.D.5; R	Pyridiniumverbindungen (2.IV.B.1)
Alkylthio	—	Halogen- (2.IV.A.5) u. Thiocarbonylverbindungen (2.III.F.1 u. 2.IV.A.8.a)
Amino	2.III.D.2; R	Halogen- (2.IV.A.5), Amido- (2.IV.A.4.a) u. Nitroverbindungen (2.IV.A.7.e)
Aryl	2.III.D.5; R	—
Arylamino	—	Aminen (2.IV.A.7.b)
Azo	—	Nitro- (2.IV.A.7.e) u. Aminoverbindungen (2.IV.A.7.b)
Carbonsäuren, Ester usw.	R	Oxydation (2.IV.A.2.a u. 2.IV.A.3.a), Halogenverbindungen (2.IV.A.5)
Cyano	—	Pyridiniumverbindungen (2.III.D.5.c), Carbonsäuren (2.IV.A.4.a), Sulfonsäuren (2.IV.A.8.c), Halogenverbindungen (2.IV.A.5), Vinylverbindungen (2.IV.A.4.c)
Halogen	2.III.C.3; 2.III.E.1	N-Oxyden (2.III.D.4), Nitroverbindungen (2.IV.A.7.e), Pyronen u. Pyridonen (2.IV.A.6.d), Aminen (2.IV.A.7.b)
Hydrazino	—	Halogen- (2.IV.A.5) u. Nitroverbindungen (2.IV.A.7.e)
Hydroxyl, alkoholisch	—	Alkyl- (2.IV.A.3) u. Vinylverbindungen (2.IV.A.4.c), Carbonsäuren (2.IV.A.4.a)
Hydroxyl, phenolisch	—	Halogenverbindungen (2.IV.A.5), Sulfonsäuren (2.IV.A.8.c)
Imino	—	Aminen (2.IV.A.7.a)
Keto	R	Alkylverbindungen (2.IV.A.3), Estern (2.IV.A.4.a)
Mercapto	—	Halogenverbindungen (2.IV.A.5)
Nitro	2.III.C.1; 2.IV.A.2.a	Aminen (2.IV.A.7.b)
Nitroso	2.III.C.4	—
Sulfonsäure	2.IV.A.2.a	Thiocarbonylverbindungen (2.IV.A.8)
Thiocarbonyl	—	Pyronen u. Pyridonen (2.IV.A.6.d)
Vinyl	—	Alkyl- (2.IV.A.3) u. Hydroxylverbindungen (2.IV.A.6.c)

* R in dieser Kolonne bedeutet, daß Verbindungen mit diesen Substituenten allgemein durch Ringsynthese dargestellt werden können (vgl. 2.II.A—D).

V. Reaktionen nichtaromatischer Verbindungen

Dihydroverbindungen werden getrennt von den Tetra- und Hexahydro-
verbindungen behandelt, da ihre Chemie mit der der aromatischen
Verbindungen in engem Zusammenhang steht. Manche Dihydroverbindungen stehen im Gleichgewicht mit aromatischen Verbindungen, z. B.
die Pseudobasen (456)⇌(457); diese werden im Abschnitt 2.III.D.1,
„Reaktionen aromatischer Kerne", behandelt.

A. Dihydro-Verbindungen

a) Tautomerie. Nicht am Stickstoff substituierte Dihydropyridine können
in wenigstens fünf tautomeren Formen existieren (vgl. Abschnitt 2.I.1).
Die Formen, in denen kein Wasserstoff am Stickstoff gebunden ist,
herrschen normalerweise vor; man vergleiche mit der aliphatischen
Chemie, wo Imine generell stabiler sind als Vinylamine. Jedoch können
andere Formen durch Substitution stabilisiert werden; z. B. existiert (458)
in der angegebenen Form, und zwar wegen der Konjugation der NH-
mit den Estergruppen.

b) Aromatisierung. 9 10-Dihydroacridine [z. B. (459)] und 5,6-Di-
hydrophenanthridine [z. B. (460)] werden an der Luft zu den voll aromatischen Verbindungen oxidiert, ebenso auch durch andere Oxydationsmittel wie Chromtrioxyd. Dihydropyridine und 1,2-Dihydrochinoline
und -isochinoline werden ebenfalls sehr leicht oxidiert; N_2O_4-NO wird
häufig zur Oxydation von Dihydropyridinen verwendet. Synthesen, bei
denen Dihydropyridine entstehen sollten, ergeben häufig die voll aromatischen Produkte (vgl. Abschnitt 2.II.B.1).
Pyrane (vgl. Abschnitt 2.II.B.1) und Thiopyrane werden gleichfalls
leicht aromatisiert; z. B. reagiert (461) mit S_2Cl_2 zum Benzothiopyrylium-
Ion. 3,4-Dihydroisochinoline [z. B. (462)], 3,4-Dihydrocumarine [z. B.
(463)] und 2,3-Dihydrochromone [z. B. (464)] werden entweder durch
Oxydation oder durch Dehydrierung mit Schwefel oder Selen bei 300 °C
oder mit Palladium bei 200 °C aromatisiert.

c) Andere Reaktionen. Dihydroverbindungen zeigen Reaktionen ähnlich denen ihrer aliphatischen Analoga, sofern die soeben besprochenen

leicht ablaufenden Aromatisierungsreaktionen nicht stören. So zeigen 2,3-Dihydrochromone (464) Keton-Reaktionen; 3,4-Dihydrocumarine (463) verhalten sich wie Lactone, und 5,6-Dihydrophenanthridine (460) reagieren wie N-Alkylderivate.

Die Reduktion von Dihydroverbindungen zu den Tetra- oder Hexahydro-Derivaten ist gewöhnlich möglich. Beispielsweise bilden Dihydroisochinoline vom Typ (462) mit H_2/Pd oder mit Na/Hg – EtOH die entsprechenden Tetrahydroisochinoline.

459   460

461   462   463   464

B. Tetra- und Hexahydro-Verbindungen

a) Aromatisierung. Die Tetra- und Hexahydro-Heterocyclen lassen sich häufig aromatisieren, doch verlaufen diese Reaktionen schwerer als in der entsprechenden Dihydro-Reihe. Beispielsweise erfordert die Umwandlung von Piperidinen in Pyridine eine Dehydrogenierung mit Palladium bei etwa 250 °C.

b) Ringspaltung. Die Spaltung des heterocyclischen Rings wird meist durch Abbau-Methoden erreicht, wie sie auch in der aliphatischen Reihe anwendbar sind. Beispielsweise wird ein Stickstoff enthaltender Ring geöffnet durch die von Braun-Methode [Amid – PCl₅, z.B. (465)→(466)], durch die von Braun-Cyanammonium-Methode [z.B. (467)→(468)] oder durch Hofmannschen Amin-Abbau nach Permethylierung [z.B. (469)→(470)].

465   466   467   468

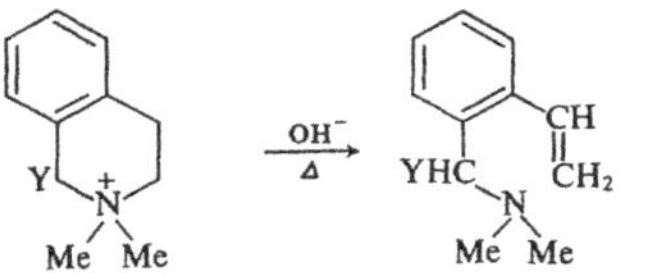

469   470

c) Andere Reaktionen. Diese Verbindungen zeigen gewöhnlich die typischen Reaktionen ihrer aliphatischen Analoga. 1,2,3,4-Tetrahydrochinolin [(471), Z = NH] ist ein N-Alkylanilin; Chroman [(471), Z = O] ist ein Aryläther; und 3-Piperidon (472) ist ein Aminoketon.

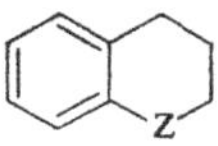

471 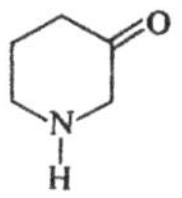   472

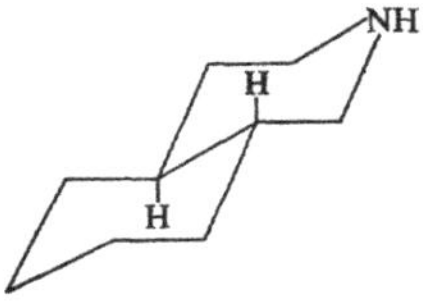

473 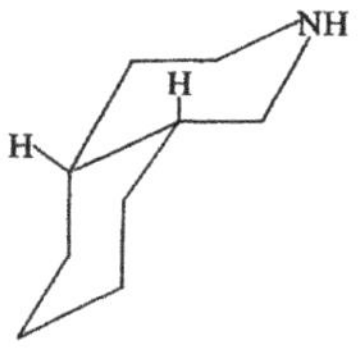   474

d) Stereochemie. Während die aromatischen Systeme eben sind, sind teilweise und voll reduzierte sechsgliedrige Ringe nicht eben. Piperidin und Morpholin liegen in Sesselformen vor, die der des Cyclohexans analog sind. Di- und polysubstituierte Piperidine und Tetrahydropyrane können in cis- und trans-Formen existieren; die trans- (473) und cis-Isomeren (474) von Decahydroisochinolin gleichen den entsprechenden Formen des Decalins. Das einsame Elektronenpaar am Stickstoff verhält sich gewöhnlich so, als ob es etwas „kleiner" als ein Wasserstoffatom wäre.

Sterische Effekte können die Reaktivität einer heterocyclischen Verbindung im Vergleich zu der ihres aliphatischen Analogons verändern. Beispielsweise ist Piperidin sterisch weniger gehindert und stärker nucleophil als Diäthylamin.

Kapitel 3

Sechsgliedrige Ringe mit zwei oder mehr Heteroatomen

I. Nomenklatur und wichtige Verbindungen

1. Diazine

a) Monocyclische Verbindungen. Die drei isomeren Diazine, ihre Bezifferungssysteme sowie ihre Trivialnamen zeigen die Formeln (1) bis (3).

1	2	3
Pyridazin	Pyrimidin	Pyrazin

Pyridazine kommen in der Natur nicht vor. Maleinsäurehydrazid (4) wird als selektiver Pflanzenwachstumsinhibitor verwendet. Einige wenige Pyrazine wurden als Naturstoffe gefunden [z. B. (5)], andere sind wichtige synthetische Arzneimittel, z. B. das Sulfapyrazin (6).

4	5	6
	Aspergillinsäure (Antibioticum)	Sulfapyrazin (Bacteriostaticum)

Die vom Pyrimidin abgeleiteten Naturstoffe sind sehr wichtig. So sind die Nucleinsäuren [(7), Y = H, OH] wesentliche Bestandteile aller Zellen und somit aller belebten Materie. Sie enthalten Pyrimidin- und Purinbasen [in Formel (7) durch „Heterocyclus" gekennzeichnet]. Ribonucleinsäuren (RNS) [(7), Y = OH] enthalten D-Ribose und Uracil (8), Desoxyribonucleinsäuren (DNS) [(7), Y = H] enthalten 2-Desoxy-D-ribose und Thymin (9), und beide Typen enthalten Phosphatreste, Cytosin (10),

Adenin (11) und Guanin (12). Vorsichtiger Abbau der Nucleinsäuren ergibt Nucleoside, d.h. Pyrimidin- oder Purin-glykoside [z.B. Uridin (13), Cytidin (14, Y=H)], und Nucleotide, d.h. Nucleosid-monophosphate [z.B. Cytidin-3'-phosphat (14, Y=PO_3H_2)].

7	8	9
Nucleinsäure	Uracil	Thymin

10	11	12
Cytosin	Adenin	Guanin

Synthetische Derivate [z.B. (15)] der Barbitursäure (16) werden als Schlafmittel verwandt. Das Vitamin B_1 (17) enthält einen Pyrimidin-Ring.

13	14
Uridin	Cytidin

15	16	17
Veronal (Schlafmittel)	Barbitursäure	Vitamin B_1

b) Benzodiazine. Die Trivialnamen und Bezifferungssysteme für Benzodiazine sind in den Formeln (18) bis (23) angegeben. Zu den Phenazin-Farbstoffen für Seide und Wolle gehört das Aposafranin (24).

Einige wenige Phenazine kommen in der Natur vor, so das Antibioticum Iodinin (25).

| 18 | 19 | 20 |
| Cinnolin | Phthalazin | 3:4-Benzocinnolin* |

| 21 | 22 | 23 |
| Chinazolin | Chinoxalin | Phenazin |

| 24 | 25 |
| Aposafranin (Farbstoff) | Iodinin (Antibioticum) |

c) Andere kondensierte Diazine. Hierzu gehören Purin (26), Pteridin (27) und Alloxazin (28). Xanthopterin (2-Amino-4,6-dihydroxypteridin) ist ein Beispiel für die Pterine**, die zuerst aus den Flügeln von Schmetterlingen isoliert wurden. Kürzlich zeigte sich, daß einige Pteridine Coenzym-Wirkung besitzen, z.B. bei enzymatischen Hydroxylierungen. Der Wachstumsfaktor Folsäure besitzt die Struktur (29). Riboflavin (30), ein B-Vitamin, ist ein Derivat des Isoalloxazins.

| 26 | 27 | 28 |
| Purin | Pteridin | Alloxazin |

---

* In *Chemical Abstracts* wird der Name Benzo-[c]-cinnolin und eine andere Numerierung verwendet.
** Diese Verbindungen existieren möglicherweise in einer tautomeren Form (vgl. 3.IV.4.a).

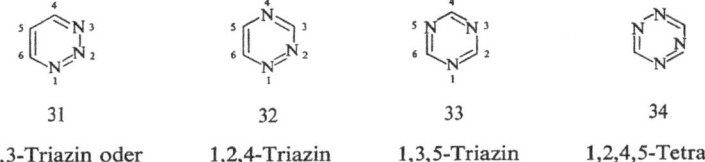

29
Folsäure (Wachstumsfaktor)

30
Riboflavin (B-Vitamin)

2. Andere Verbindungen

a) Triazine und Tetrazine. Die Namen und Bezifferungssysteme für die Triazine zeigen die Formeln (31) bis (33). Bekannt sind auch die 1,2,4,5-Tetrazine (34).

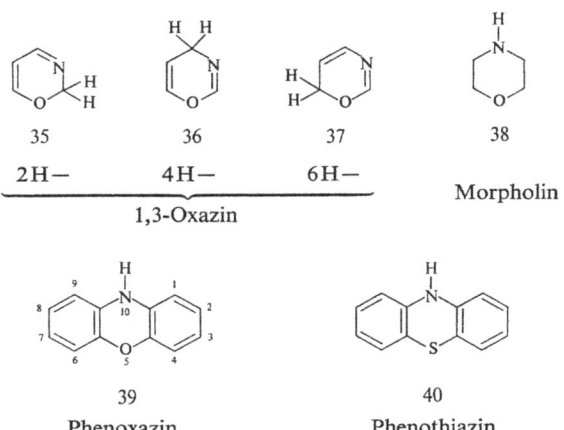

31	32	33	34
1,2,3-Triazin oder *v*-Triazin	1,2,4-Triazin oder *asym*-Triazin	1,3,5-Triazin oder *sym*-Triazin	1,2,4,5-Tetrazin

b) Oxazine und Thiazine. 1,2-, 1,3- und 1,4-Oxazine und -Thiazine sind die O- und S-Analoga der drei isomeren Diazine (1) bis (3). In diesen Ringen können nur zwei Doppelbindungen untergebracht werden, so daß sie ein „Extra"-Wasserstoffatom besitzen, dessen Stellung angegeben werden muß. Beispielsweise könnten theoretisch drei 1,3-Oxazine [(35) bis (37)] existieren. Tetrahydro-1,4-oxazin (38), Morpholin genannt, wird häufig als basisches Lösungsmittel und als sekundäres Amin verwendet.

35	36	37	38
2 H—	4 H—	6 H—	Morpholin

1,3-Oxazin

39
Phenoxazin

40
Phenothiazin

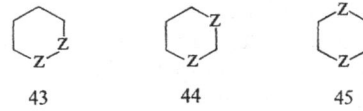

41   42

Zwei der Benzoderivate werden üblicherweise mit den Trivialnamen Phenoxazin (39) und Phenothiazin (40) bezeichnet. Das Phenothiazin (40) findet wichtige insecticide und anthelmintische Anwendungen. Verschiedene substituierte Phenoxazonium- und Phenothiazoniumsalze [vgl. (41), Z = O, S] werden als Farbstoffe verwendet, z. B. Methylenblau (42), das als biologisches Anfärbemittel, Redox-Indikator und Baumwollfarbstoff angewandt wird.

II. Ringsynthesen

Die Ringsynthesen werden entsprechend der Zahl und der relativen Stellung der Heteroatome im gebildeten Ring unterteilt. Auf ein Verzeichnis von Ringsynsthesen mit Heteroatomen in 1,2- (43), 1,3- (44) und 1,4-Stellung (45) folgt eine Übersicht über Synthesen von Ringen mit mehr als zwei Heteroatomen.

43   44   45

A. Heteroatome in 1,2-Stellung

1. Allgemeiner Überblick

Bei den wichtigsten synthetischen Methoden spielt die Kondensation von Hydrazin, Hydroxylamin oder Wasserstoffperoxyd mit einer Kohlenstoffkette, die in 1,4-Stellung Sauerstoff-Funktionen besitzt, eine Rolle. Sie sind besonders bedeutsam für die Herstellung von Pyridazinen, Phthalazinen, Oxazinen und Benzoxazinen. In der Cinnolin-Reihe ist hingegen die Cyclisierung von Diazonium-Ionen besonders wichtig. Zu den weiteren Methoden zählen Diels-Alder-Reaktionen eines Diens mit einer Azo- oder Nitroso-Verbindung.

2. Methoden, ausgehend von Hydrazin oder Hydroxylamin

1,4-Dicarbonyl-Verbindungen mit einer Doppelbindung in 2,3-Stellung kondensieren mit Hydrazin zu Pyridazinen [z. B. (46)→(47)]. Ist eine der Carbonyl-Gruppen des Ausgangsmaterials Teil einer Carboxyl-

Gruppe oder einer potentiellen Carboxyl-Gruppe, so führen die Reaktionen mit Hydrazin oder Hydroxylamin zu Pyridazonen oder 1,2-Oxazonen [z. B. (48)→(49), Z = NH, NPh, O].

Ist die Doppelbindung Bestandteil eines Benzolrings, so können analoge Reaktionen eintreten. Phthalaldehyd reagiert z. B. mit Hydrazin unter Bildung von Phthalazin.

3. Andere Methoden

Reduzierte Pyridazine, 1,2-Oxazine und 1,2-Thiazine lassen sich durch Diels-Alder-Reaktionen darstellen. Butadien kondensiert mit EtO_2C- $-N=N-CO_2Et$ bzw. Nitrosobenzol unter Bildung von (50) bzw. (51).

o-Äthylen-, o-Acetylen- oder o-Acetyl-diazonium-Ionen cyclisieren spontan zu Cinnolinen oder Cinnolonen [(52)→(53); (54), (55)→(56)]. Eine in gewisser Weise analoge Cyclisierung tritt bei der Darstellung des Benzocinnolins (57) durch Bestrahlung von Azobenzol ein.

B. Heteroatome in 1,3-Stellung

1. Allgemeiner Überblick

Bei keiner wichtigen Synthese wird eine C—C-Bindung geschlossen, während alle verbleibenden Möglichkeiten (58) bis (61) ausgenützt werden. Für die Herstellung von Pyrimidinen sind Methoden vom Typ (58) besonders wichtig. Chinazoline werden nach Methoden vom

Typ (59) dargestellt, während gesättigte Verbindungen, nämlich 1,3-Dioxane, 1,3-Oxathiane und 1,3-Dithiane, durch Synthesen vom Typ (60) erhalten werden.

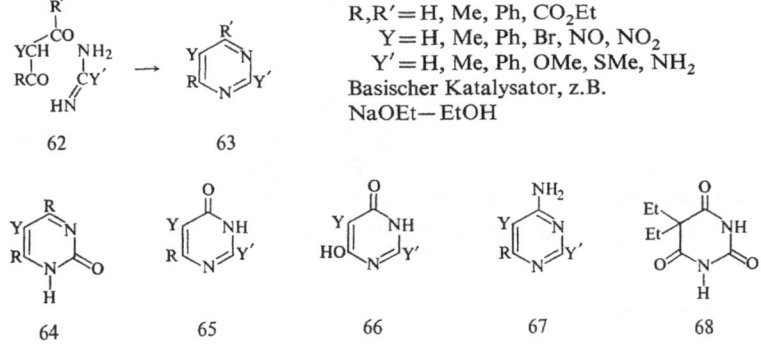

2. Typ C—C—C + Z—C—Z

Sehr viele Pyrimidine sind durch Reaktion einer 1,3-Dicarbonyl-Verbindung (oder einer potentiellen 1,3-Dicarbonyl-Verbindung) mit einem Amidinderivat hergestellt worden. Repräsentative Substituenten sind in den Formeln (62) und (63) angegeben. Bemerkenswert sind folgende Modifikationen:

1. Das Amidin kann durch Harnstoff ersetzt werden, wobei 2-Pyrimidone (64) entstehen.

2. Sind eine oder beide Carbonyl-Gruppen der 1,3-Dicarbonyl-Verbindung Bestandteil einer Ester-Gruppe, so bilden sich 4-Pyrimidone (65) oder ihre 6-Hydroxy-Derivate (66).

3. Der Ersatz einer Carbonyl-Gruppe durch eine Cyan-Gruppe führt zu 4-Amino-Verbindungen (67).

4. Ist das zentrale Kohlenstoffatom der Dicarbonyl-Verbindung tetrasubstituiert, so entstehen nichtaromatische Derivate. Beispielsweise reagiert $Et_2C(CO_2Et)_2$ mit Harnstoff unter Bildung von Veronal (68).

R,R′ = H, Me, Ph, CO_2Et
Y = H, Me, Ph, Br, NO, NO_2
Y′ = H, Me, Ph, OMe, SMe, NH_2
Basischer Katalysator, z.B.
NaOEt—EtOH

3. Typ C—C—C—Z + C—Z

Chinazoline können durch Umsetzungen von o-Acylanilinen mit Amiden dargestellt werden [(69)→(70)]. Durch Erhitzen von Anthranilsäure (71) mit Amiden oder Amidinen erhält man 4-Chinazolinone (72).

69   70   71   72

4. Typ Z—C—C—C—Z + C

Dieser Syntheseweg wird hauptsächlich zur Darstellung reduzierter Pyrimidine, Oxazine, Thiazine, Dioxane und Oxathiane benutzt [z. B. (74)→(73), (75); Z, Z' = NH, O, S]. Die entsprechenden Benzoderivate werden analog gewonnen [z. B. ausgehend von (76)].

73   74   75   76

C. Heteroatome in 1,4-Stellung

1. Allgemeiner Überblick

Die wichtigen synthetischen Methoden lassen sich in drei Typen einteilen, die durch die Formeln (77) bis (79) symbolisiert sind.

1. Chinoxaline, Pteridine, Phenazine und Phenoxazine werden durch Methoden vom Typ (77) erhalten.

2. Pyrazine werden nach dem Schema (78) dargestellt.

3. Reduzierte monocyclische Ringe, z.B. Piperazine, Dioxane und Dithiane, werden gleichfalls durch Reaktionen vom Typ (78) synthetisiert.

4. Phenothiazine erhält man durch die Methode (79).

77   78   79

2. Typ Z—C—C—Z + C—C

Synthesen dieses Typs sind für die Herstellung bi- und tricyclischer Verbindungen wichtig.

1. o-Phenylendiamin reagiert mit α-Diketonen zu Chinoxalinen [(80)→(81)] und mit o-Chinonen zu Phenazinen.

2. Heterocyclische o-Diamine verhalten sich analog; ein Beispiel ist die Darstellung von Pteridin [(82)+(83)→(84)].

3. *o*-Aminophenole reagieren mit Chinonen zu Phenoxazoniumsalzen [z.B. (85)+(86)→(87)].

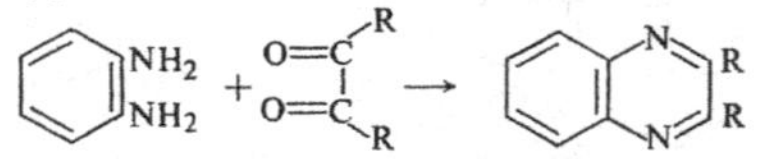

80   81

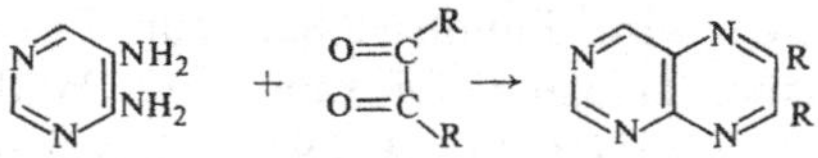

82   83   84

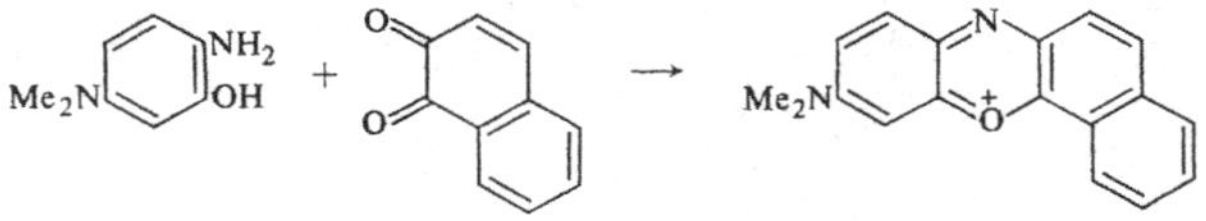

85   86   87

3. Typ C—C—Z + C—C—Z

1. Eine wichtige Synthesemethode für Pyrazine geht von den α-Aminoketonen (88) aus, die spontan intermolekular cyclisieren und Dihydropyrazine (89) ergeben. Die α-Aminoketone werden häufig in situ durch Reduktion von Isonitrosoketonen hergestellt, und die Dihydropyrazine werden gewöhnlich vor ihrer Isolierung zu Pyrazinen oxydiert (vgl. Abschnitt 3.V.2).

2. Piperazine, Dioxane und Dithiane lassen sich gemäß (90), (92) →(91) (Z = NH, O, S) darstellen.

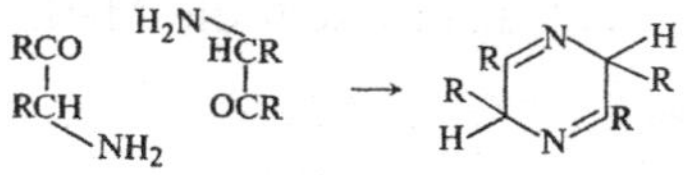

88   89

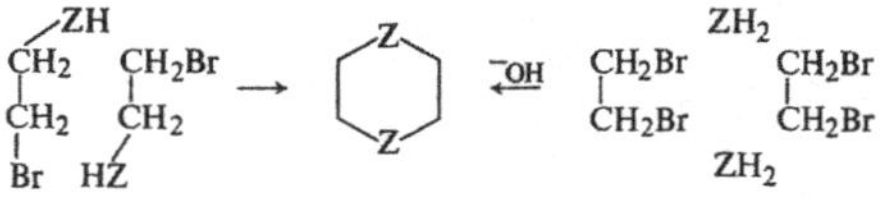

90   91   92

4. Typ C—C—Z—C—C + Z

Phenothiazin, Thianthren und Phenoxathiin [(94), Z = NH, S, O] werden gemäß (93)→(94) dargestellt.

93   94

D. Verbindungen mit drei oder vier Heteroatomen

1. Benzo-1,2,3-triazine werden durch Methoden vom Typ (95)→(96) synthetisiert, die dem zur Darstellung von Cinnolinen (vgl. Abschnitt 3.II.A.3) angewandten Verfahren ähneln.

95   96   97   98

2. 1,2,4-Triazine lassen sich aus Aminoguanidinen und α-Dicarbonyl-verbindungen darstellen [(97)→(98)].

3. 1,3,5-Triazine [(99), Y = Cl, NH_2, Ph] bilden sich durch Trimerisation des entsprechenden Monomeren $Y-C\equiv N$ entweder spontan oder in Gegenwart von Katalysatoren. Die analogen gesättigten heterocyclischen Systeme lassen sich durch Trimerisation, gewöhnlich in situ, von Verbindungen mit einer $C-Z$-Bindung gewinnen; beispielsweise entsteht aus CH_3CHO Paraldehyd (100).

4. 1,2,4,5-Tetrazine kann man gemäß (101)→(102) erhalten.

99   100   101   102

III. Reaktionen der aromatischen Ringe

1. Allgemeiner Überblick

Die folgende Betrachtung läuft soweit als möglich dem entsprechenden Abriß über sechsgliedrige aromatische Ringe mit einem Heteroatom parallel (vgl. Abschnitt 2.III). Es ist jedoch zu beachten, daß einige Verbindungsklassen mit zwei Heteroatomen nicht existieren und daß die Reaktionen mancher Verbindungstypen bislang nur ungenügend untersucht worden sind. Infolgedessen sind die meisten der angeführten Beispiele der Azin-Chemie entnommen.

Extrapoliert man ausgehend vom Benzol über das Pyridin die Eigenschaften der Diazine, so ergeben sich sogleich die wichtigsten Züge der Diazin-Chemie: Reaktionen mit elektrophilen Reagentien verlaufen an Diazinen schwieriger als an Pyridin, und zwar sowohl an den Ring-Stickstoffatomen (verringerte Basizität) als auch an den Ring-Kohlenstoffatomen (keine Reaktion ohne Aktivierung). Umgekehrt tritt ein nucleophiler Angriff an einem Diazin leichter als an Pyridin ein; Reagentien, die nur mit quartären Pyridin-Derivaten reagieren, greifen in manchen Fällen bereits die Stamm-Diazine an.

Die Diazine zeigen aromatisches Verhalten, und ihre Resonanzenergien sind beträchtlich, wenn auch wahrscheinlich kleiner als die von Benzol und Pyridin (die Werte sind wegen experimenteller Schwierigkeiten bei der Verbrennung unsicher). Bei den meisten Reaktionen der Diazine beobachtet man die Tendenz zur „Typerhaltung". Phenoxazonium- und Phenothiazoniumsalze, Oxazone und Thiazone sind offensichtlich weniger resonanzstabilisiert, da sie eine erheblich kleinere Tendenz zur Rückkehr zum Typ zeigen.

2. Elektrophiler Angriff an den Ring-Stickstoffatomen

Die Basizität der Diazine ist gegenüber Pyridin ($pK_a = 5,2$) erheblich verringert: Der pK_a-Wert von Pyrazin beträgt 0,4, von Pyrimidin 1,1 und von Pyridazin 2,1. Ein ankondensierter Benzolring hat im Falle von Chinoxalin (pK_a = ca. 0,6) und Cinnolin (2,6) wenig Einfluß auf die Basizität. Chinazolin hingegen hat einen pK_a-Wert von 3,3 und ist somit eine viel stärkere Base als Pyrimidin, doch beruht dies auf der Tatsache, daß das Chinazolinium-Kation kovalent hydratisiert ist (s. Abschnitt 3.III.4).

Alkylhalogenide reagieren mit Diazinen weniger leicht als mit Pyridin. Wenn die Stickstoff-Atome in α- oder β-Stellung zueinander stehen (z. B. Pyridazine, Pyrimidine), so werden nur monoquartäre Salze gebildet. Cinnolin wird in 2-Stellung quaternisiert. Chinoxaline und Phenazine ergeben unter scharfen Bedingungen ($Et_3O^+BF_4^-$ als Reagens) diquartäre Salze.

Die Bildung von N-Oxyden durch Oxydation mit Peroxysäuren ist der Darstellung der quartären Salze analog. Die N-Oxyde werden weniger leicht als in der Pyridin-Reihe gebildet; nur Pyrazin und seine Benzoderivate können leicht in Di-N-oxyde übergeführt werden, obwohl kürzlich auch über Cinnolin-di-N-oxyde berichtet wurde.

3. Elektrophiler Angriff an den Ring-Kohlenstoffatomen

Nicht aktivierte Diazine gehen keine Substitutionsreaktionen durch Angriff elektrophiler Reagentien an den Kohlenstoffatomen ein. Diazine mit einer stark aktivierenden Gruppe (z. B. OR, NH_2) werden nur schwer substituiert, und zwar ungefähr so wie das Pyridin. Diazine mit zwei solchen Gruppen lassen sich leicht substituieren (ungefähr so wie Benzol) und Diazine mit drei solchen Gruppen sehr leicht (ungefähr wie Phenol). Die Diazinone verhalten sich wie einfach aktivierte Diazine.

Pyrimidine reagieren bei der elektrophilen Substitution gewöhnlich in 5-Stellung. Sind bei ihnen aktivierende Gruppen in 2-, 4- und 6-Stellung vorhanden, so treten Nitrosierung, Mannich-Reaktionen und Diazo-Kupplung leicht ein. Auch Halogenierung ist möglich, wenn eine oder zwei aktivierende Gruppen vorhanden sind (Br_2 oder Cl_2 in H_2O, AcOH oder $CHCl_3$, $20-100\ °C$).

4. Nucleophiler Angriff an den Ring-Kohlenstoffatomen

Mit Hydroxyd-Ionen bilden Diazinonium-Salze Pseudobasen, die leicht Ringspaltung erleiden. Das 3-Methyl-chinazolinium-Ion ergibt beispielsweise (103).

In saurer Lösung wird Chinazolin „kovalent hydratisiert" unter Bildung des Kations (104). Eine solche kovalente Hydratisierung ist möglicherweise ein weitverbreitetes Phänomen.

Amid-Ionen reagieren mit Diazinen. Natriumamid wandelt 4-Methyl-pyrimidin sukzessive in das 2-Mono- und das 2,6-Diamino-Derivat um, während Pyrazin das 2-Aminopyrazin ergibt.

Metallorganische Reagentien liefern die zu erwartenden Produkte. Beispielsweise erhält man aus 2,5-Dimethylpyrazin mit Lithiumarylen die 3-Aryl-Derivate.

Diazine lassen sich chemisch und katalytisch leicht reduzieren. Sind die beiden Stickstoffatome benachbart, so kann eine Ringspaltung eintreten: z.B. liefert Pyridazin bei Reduktion mit Natrium und Äthanol sowohl Tetramethylendiamin als auch partiell hydrierte Produkte.

Cinnoline geben entweder Dihydro-Derivate [z.B. (106)→(105)] oder unter Ringöffnung und neuem Ringschluß Indole [z.B. (106)→(107)]. Phthalazin gibt das 1,2,3,4-Tetrahydro-phthalazin (mit Na/Hg) oder das ringgeöffnete Produkt (108) (mit Zn−HCl). Pyrazine und Pyrimidine werden gewöhnlich zu Hexahydro-Derivaten reduziert, während Chinazoline und Chinoxaline meist 1,2,3,4-Tetrahydro-Derivate liefern (z.B. mit Na−EtOH).

IV. Reaktionen von Substituenten an aromatischen Ringen

Da Oxazonium- und Thiazoniumsalze außer in der Dibenzo-Reihe nur schlecht bekannt sind und da Oxazone, Thiazone, Triazone, Triazine und Tetrazine relativ unbedeutend sind und wenig untersucht wurden, behandelt dieser Abschnitt hauptsächlich Substituenten an Diazinen und ihren Benzoderivaten.

1. Allgemeiner Überblick

Substituenten in α- oder γ-Stellung zu einem Stickstoff-Atom verhalten sich ähnlich wie 2- und 4-Substituenten an Pyridin (vgl. Abschnitt 2.IV.A). Das zweite Stickstoff-Atom in einem Diazin hat den Effekt, daß die Reaktivität sich noch weiter in Richtung auf die entsprechende Carbonyl-Verbindung hin verschiebt (vgl. die Diskussion in Abschnitt 2.IV.A.1). Beispielsweise tritt der nucleophile Ersatz einer Cyan-Gruppe, wie in (109)→(110), in der Pyridin-Reihe normalerweise nicht ein; vielmehr ist diese Umsetzung den Reaktionen von aliphatischen Acylcyaniden (R−CO−CN) analog.

109   110

111   112   113

Substituenten in 5-Stellung von Pyrimidinen (111) sind die einzigen Substituenten an Azinen, die nicht α- oder γ-ständig zu einem Ring-

Stickstoffatom sind. Sie verhalten sich ähnlich wie Substituenten in 3-Stellung von Pyridinen. Eine Bindungsfixierung bewirkt, daß 3-Substituenten in Cinnolinen (112) wie 3-Substituenten in Isochinolinen reagieren.

In Benzopyridinen greifen elektrophile Reagentien das Ring-Stickstoffatom und die Benzolringe an, während nucleophile Reagentien den heterocyclischen Ring an den α- oder γ-Kohlenstoffatomen angreifen. Diese Verallgemeinerungen gelten auch für die Benzodiazin-Chemie (vgl. die Abschnitte 3.III.3 und IV.2). Bei Phenazonium-, Phenoxazonium- und Phenothiazonium-Ionen [(113), Z = NR, O, S] jedoch können nucleophile Reagentien den heterocyclischen Ring nicht ohne weiteres angreifen, und somit tritt Reaktion in der 3-Stellung (113) ein, da der Elektronenmangel für einen Angriff am ankondensierten Benzolring genügend groß ist. Derartige Reaktionen werden in Abschnitt 3.IV.2 diskutiert.

2. Kohlenstoff enthaltende Substituenten

a) Ankondensierte Benzolringe. Eine elektrophile Substitution erfolgt gewöhnlich im Benzo-Ring eines Benzodiazins. Die Orientierung bei der Nitrierung von Cinnolin und Chinazolin ist in den Formeln (114) und (115) angegeben. Durch starke Oxidationsmittel (z. B. $KMnO_4 - OH^-$) werden ankondensierte Benzolringe zu Carbonsäureresten abgebaut. Beispielsweise führt Phthalazin zu (116) und Phenazin sukzessive zu (117) und (118).

Wie in Abschnitt 3.IV.1 besprochen wurde, können nucleophile Reagentien die Benzolringe von Phenazonium-, Phenoxazonium- und Phenothiazonium-Ionen [(119), Z = NR, O, S] angreifen. Hydroxyd-Ionen ergeben als Zwischenstufen Pseudobasen, die durch Luftsauerstoff, Br_2 usw. vor ihrer Isolierung zu den Pyridon-Analoga (121) oxidiert werden. Ammoniak und Amine (z.B. $PhNH_2$, Me_2NH) liefern Primäraddukte vom Typ (122), die anschließend durch Luftsauerstoff, Br_2 usw. zu neuen Onium-Salzen (123) oxydiert werden.

119   120   121

122   123

b) Arylgruppen. Phenylgruppen, die an die Kohlenstoffatome von Diazinen gebunden sind, gehen elektrophile Substitutionsreaktionen vorwiegend in *meta*-Stellung ein, wie für die Nitrierung des Pyrazin-Derivats (124) gezeigt.

124

c) Alkylgruppen. Alkylgruppen sind „aktiv", wenn sie α- oder γ-ständig zu einem Stickstoff-Atom sind, wie z. B. 3-Methylpyridazin, 1-Methylphthalazin oder 2-Methylpyrazin. Solche Alkylgruppen reagieren mit Aldehyden, Halogenen, Kaliumpermanganat usw. ähnlich wie die Methylgruppe im 2-Picolin (vgl. Abschnitt 2.IV.A.3). Auch die Alkylierung und Acylierung von Methylgruppen ist möglich (vgl. Abschnitt 2.IV.A.3.b).

Die Reaktivität von Alkylgruppen, die α- oder γ-ständig zu zwei Stickstoff-Atomen sind, wie in 2- oder 4-Methylpyrimidin, ist noch stärker erhöht. Beispielsweise ist mit Äthyloxalat die Claisen-Kondensation möglich. In Chinazolinen bewirkt die teilweise Fixierung der Doppelbindungen, daß eine Methylgruppe in 4-Stellung reaktionsfähiger als eine solche in 2-Stellung ist. α- oder γ-Methylgruppen in Onium-Salzen zeigen die erwartete starke Reaktivität (vgl. Abschnitt 2.IV.A.3.d).

d) Carbonsäuren, Aldehyde und Ketone. Verbindungen mit diesen Gruppen reagieren ähnlich wie die entsprechenden Benzol- und Pyridin-Analoga. Carboxyl-Gruppen in α- oder γ-Stellung zu einem Ring-Stickstoffatom werden beim Erhitzen leicht abgespalten. Beispielsweise liefert 2-Pyrazincarbonsäure bei 200 °C Pyrazin, und 4,5-Pyrimidindicarbonsäure bildet bei Vakuumdestillation die 5-Monosäure.

3. Halogenatome

Wie zu erwarten, sind Halogenatome „aktiv", wenn sie α- oder γ-ständig zu einem Ring-Stickstoffatom sind. 3-Chlorpyridazin (125) und 2-Chlorpyrazin beispielsweise gehen die üblichen nucleophilen Substitutionsreaktionen (vgl. Abschnitt 2.IV.A.5) erheblich leichter ein als 2-Chlorpyridin.

In Polyhalogenverbindungen, wie etwa dem 2,4,6-Trichlorpyrimidin, wird jedes sukzessive Chloratom langsamer als das vorhergehende ersetzt, da die eingeführten Gruppen (z. B. NH_2) den aktivierenden Effekt der Ring-Stickstoffatome teilweise kompensieren. Im Chinazolin ist ein Halogenatom in 4-Stellung wegen der teilweisen Doppelbindungsfixierung reaktionsfähiger als eines in 2-Stellung. Somit verläuft die Substitution im 2,4-Dichlorchinazolin (126) praktisch ausschließlich in 4-Stellung, während das 2,4-Dichlorpyrimidin (127) ungefähr gleiche Mengen der 2- und 4-Substitutionsprodukte liefert.

125   126   127

128   129   130

4. Sauerstoff enthaltende funktionelle Gruppen

a) Tautomerie. Physikalische Untersuchungen zeigen, daß Verbindungen mit einer potentiellen Hydroxylgruppe in α- oder γ-Stellung zu einem Ring-Stickstoffatom weitgehend in der Carbonyl-Form vorliegen. Wenn mehrere Carbonyl-Formen möglich sind, so ist jene mit einer zur NH-Gruppe α-ständigen Carbonyl-Gruppe etwas stabiler. Im Gleichgewicht liegen daher z. B. etwa zwei Teile (128) neben einem Teil (129) vor.

Eine der seltenen Abweichungen von der obigen Verallgemeinerung stellt das Maleinsäurehydrazid dar, in dem eine der beiden potentiellen α-Hydroxyl-Gruppen als solche vorhanden ist (130).

Hydroxyl-Gruppen in 5-Stellung von Pyrimidinen existieren, wie zu erwarten, unverändert.

b) Diazinone. Die Diazinone reagieren ähnlich wie Pyridone (Abschnitt 2.IV.A.5.d). Sie lassen sich durch $POCl_3$ in Chlordiazine verwandeln. Harnsäure (131) beispielsweise gibt 2,6,8-Trichlorpurin (132). Die Alkylierung kann entweder zu O- oder zu N-Alkyl-Produkten oder auch zu Gemischen aus beiden führen. Phthalazinon (134) liefert mit $Me_2SO_4 - PhNO_2$ das O-Methyl-Derivat (133), während die Methylierung in basischem Medium (MeJ − KOH) die N-Methyl-Verbindung (135) gibt.

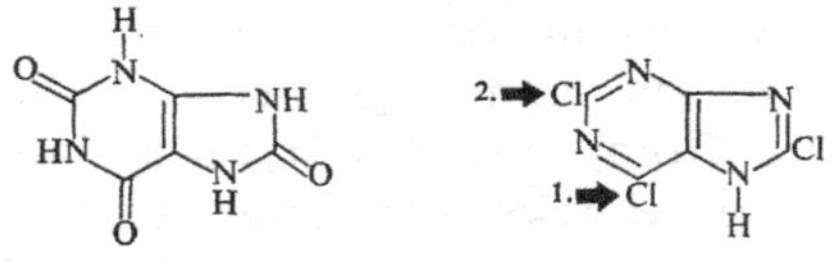

131   132

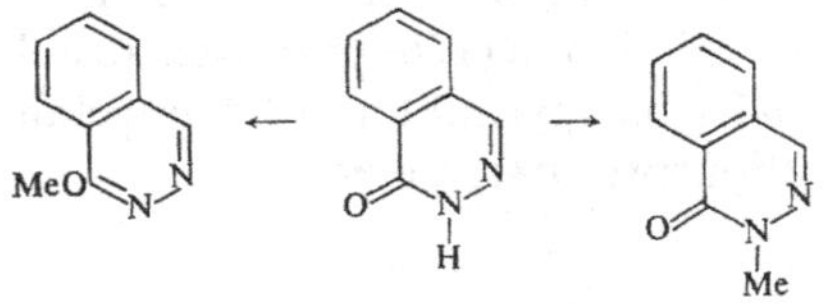

133   134   135

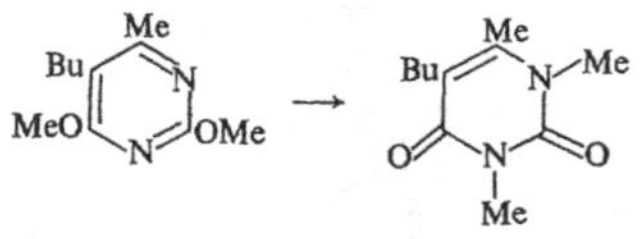

136   137

c) Alkoxyl-Gruppen. α- und γ-Alkoxylgruppen werden nucleophil substituiert. Diese Reaktion verläuft in der Pyrimidin-Reihe besonders leicht, weil die Alkoxylgruppen α- und γ-ständig zu *zwei* Stickstoff-Atomen sind; sie wird häufig zur Herstellung von Aminopyrimidinen benutzt. α- oder γ-Alkoxylverbindungen lagern sich leicht zu N-substituierten Diazinonen um [z. B. (136)→(137)].

5. Stickstoff und Schwefel enthaltende funktionelle Gruppen

a) Amino-Gruppen. Aminoverbindungen existieren weitgehend als solche und nicht als tautomere Iminoverbindungen, wie durch physikalische Methoden gezeigt wurde (vgl. Abschnitt 7.3 bis 6). Aminogruppen in 5-Aminopyrimidinen (d. h. β-Aminogruppen) verhalten sich ähnlich wie die Aminogruppe in Anilin, während Verbindungen mit α- oder γ-Aminogruppen den entsprechenden Pyridin-Aminogruppen ähneln. So lassen sich α- oder γ-Aminogruppen nur schwierig diazotieren und leicht zu den entsprechenden Diazinonen hydrolysieren (z. B. $H_2SO_4 - H_2O$ bei 100 °C), und sie bilden instabile Acylverbindungen (die leicht wieder zum Amin hydrolysieren).

b) Nitro- und Nitroso-Gruppen an Diazinen reagieren im allgemeinen ähnlich wie solche an Pyridinringen; vgl. Abschnitt 2.IV.A.7.e.

c) Schwefel enthaltende Gruppen. Verbindungen mit potentiellen Mercaptogruppen in α- oder γ-Stellung zu einem Ring-Stickstoffatom liegen weitgehend in der Thion-Form vor (vgl. Abschnitt 2.IV.A.8.a).

138

Pyrimidinthione [z.B. (138)] sind als Zwischenstufen wohlbekannt und lassen sich in die folgenden Verbindungsklassen überführen:

1. In Chlorpyrimidine mittels PCl_5.
2. In Alkylthiopyrimidine mittels Alkyljodiden.
3. In Pyrimidone durch Hydrolyse mit $HCl-H_2O$.
4. In Pyrimidindisulfide mittels J_2.
5. In das schwefelfreie Pyrimidin durch Oxydation mit H_2O_2 oder HNO_3; diese Reaktion verläuft möglicherweise über die Sulfinsäure.

V. Reaktionen nichtaromatischer Verbindungen

Im allgemeinen werden die nichtaromatischen Verbindungen mäßig gut aromatisiert. Davon abgesehen verhalten sie sich sehr ähnlich wie ihre aliphatischen Analoga.

1. Reaktionen, die unter „Typ-Erhaltung" verlaufen

Eine überraschende Eigenschaft einiger 1,4-Dithiin-Derivate besteht darin, daß sie eine gewisse Tendenz zur „Rückkehr zum Typ" zeigen, obwohl sie nichtebene Ringe [vgl. (139)] und Elektronenoktetts statt Elektronensextets besitzen. Die Nitrierung von 2,5-Diphenyl-1,4-dithiin (140) und die Nitrierung (HNO_3-AcOH) und Acetylierung (H_3PO_4- $-Ac_2O$) von Benzo-1,4-dithiin (141) erfolgen, wie angegeben, im Heteroring.

139   140   141   142

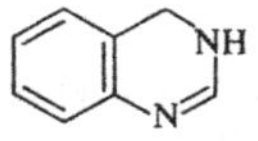

143 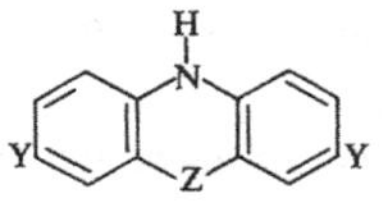   144 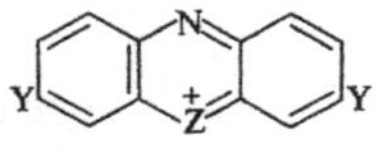   145 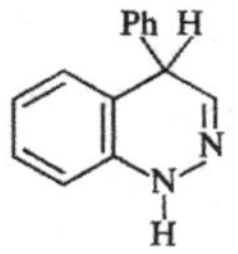   146

2. Aromatisierung

Dihydrodiazine werden von Oxydationsmitteln leicht aromatisiert: Das 4,5-Dihydropyridazin (142) ergibt Pyridazin (CrO_3 — AcOH), und das 3,4-Dihydrochinazolin (143) wird durch $K_3Fe(CN)_6$ in Chinazolin umgewandelt. Die Phenoxazine und die Phenothiazine [vgl. (144), Z = O, S] lassen sich zu Phenoxazonium- bzw. Phenothiazoniumsalzen [(145), Z = O, S] oxydieren.

Einige Dihydrodiazine disproportionieren: Das Dihydrocinnolin (146) gibt bei Behandlung mit Chlorwasserstoff 4-Phenyl-cinnolin und 4-Phenyl-1,2,3,4-tetrahydrocinnolin.

3. Andere Reaktionen

Meist gehen die nichtaromatischen Verbindungen die Reaktionen ein, die für ihre aliphatischen Analoga typisch sind. So verhält sich das 1,3-Dioxan wie ein Acetal, das 1,4-Dioxan wie ein bis-Äther und das 2,5-Dioxopiperazin (147) wie ein bis-Lactam.

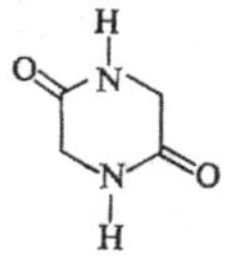

147 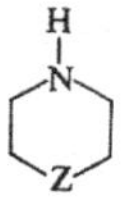   148

Piperazin [(148), Z = NH] und Morpholin [(148), Z = O] zeigen die typischen Eigenschaften sekundärer aliphatischer Amine, doch ihre pK_a-Werte von 9,8 bzw. 8,4 (vgl. Piperidin, $pK_a = 11,2$) spiegeln den induktiven Effekt des zweiten Heteroatoms wider.

96

Kapitel 4

Fünfgliedrige Ringe mit einem Heteroatom

I. Nomenklatur und wichtige Verbindungen

1. Aromatische monocyclische Verbindungen

a) Nomenklatur. Die Stamm-Ringsysteme mit zwei Doppelbindungen werden Thiophen (1), Pyrrol (2) und Furan (3) genannt. Die Kernpositionen bezeichnet man durch arabische Ziffern (vgl. 1) oder (seltener) durch griechische Buchstaben (vgl. 2).

1	2	3
Thiophen	Pyrrol	Furan

4	5	6
Mesobilirubin (Gallenfarbstoff)	α-	β-
	Pyrrolenin	

Die von diesen Ringen abgeleiteten Reste heißen Thienyl, Pyrrolyl bzw. Furyl. Der 2-Furylmethyl-Rest wird Furfuryl genannt. Verbindungen, in denen zwei Pyrrolkerne über eine CH_2-Gruppe verbunden sind, nennt man „Dipyrromethane". Erfolgt die Bindung über eine CH-Gruppe, wie in (4), so nennt man sie „Dipyrromethine".

Derivate der instabilen tautomeren Formen (5) und (6) des Pyrrols sind bekannt.

b) Thiophene. Thiophen und seine Homologen kommen in Benzol, das aus Steinkohlenteer gewonnen wurde, in Bitumen-Öl und im Rohpetroleum vor. Sie geben den Indophenin-Test (Abschnitt 4.III.B.7.b);

Thiophen verdankt seine Entdeckung der Beobachtung, daß reines Benzol diesen Test nicht gibt. Thiophene werden manchmal nach ihren Benzo-Analogen genannt, z.B. Thiotolen für Methylthiophen, Thiotenol für Hydroxythiophen.

c) *Furane*. Furfurol (7) entsteht durch Zersetzung von Zuckern (Abschnitt 4.II.2.c) und ist ein technisch wichtiger Rohstoff, der in Furfurol-Phenol-Harzen und als synthetisches Zwischenprodukt (vgl. Abschnitt 4.III.C.2) verwendet wird.

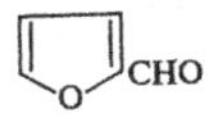

7
Furfurol

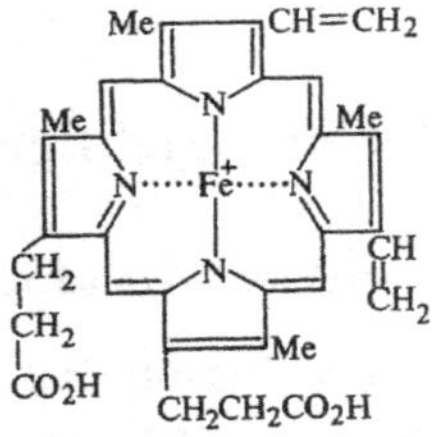

8
Hämin
(Blutfarbstoff)

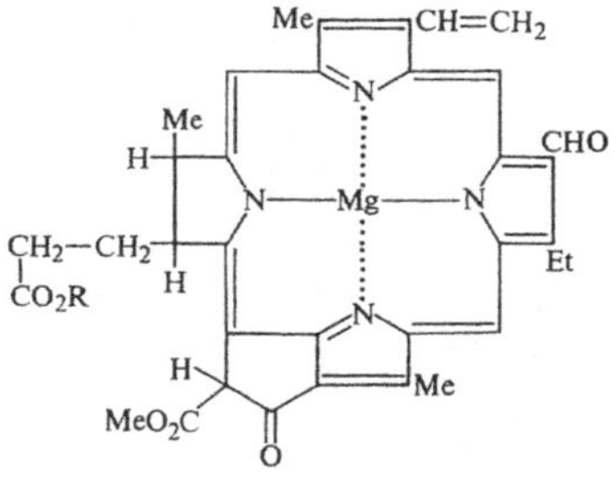

9
Chlorophyll-b
(R = Phytyl, $C_{20}H_{34}$)

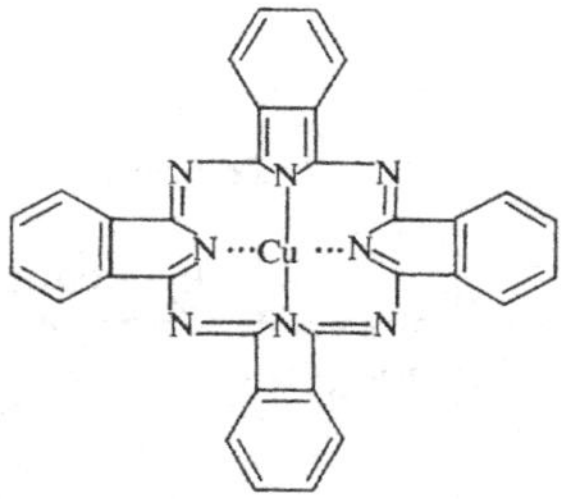

10
Monastralblau
(Phthalocyanin-Farbstoff)

d) *Pyrrole*. Pyrrol kommt im Knochenöl vor und verleiht einem mit Mineralsäure angefeuchteten Fichtenspan eine leuchtend rote Farbe. Dieses charakteristische Verhalten führte zu seiner Entdeckung und wird als qualitativer Nachweis für Pyrrolderivate verwendet.

Die Gallenfarbstoffe, z.B. Mesobilirubin (4), sind Stoffwechselprodukte, die Ketten von vier Pyrrolringen besitzen. Ihre Vorläufer sind die Porphyrine, zu denen die Blutfarbstoffe gehören [z.B.(8)], die Chlorophylle [z.B. (9)] sowie Vitamin B_{12}; sie bestehen aus vier Pyrrol-Einheiten, die zu einem Makroring vereinigt sind.

Die Phthalocyanine [z.B. (10)] sind wichtige synthetische Farbstoffe.

2. Nichtaromatische monocyclische Verbindungen

a) Nomenklatur. Reduzierte Thiophene und Furane werden systematisch als 2,3-Dihydro- (11), 2,5-Dihydro- (12) und 2,3,4,5-Tetrahydro-Verbindungen (13) bezeichnet. Alternativ kann man auch die Delta-Nomenklatur (Δ) verwenden, um die Lage der verbleibenden Doppelbindung zu bezeichnen; (11) und (12) können also auch als Δ^2- bzw. Δ^3-Dihydro-Verbindungen bezeichnet werden. Tetrahydrothiophen wird auch Thiophan genannt.

Die reduzierten Pyrrole tragen Trivialnamen. Die Dihydro-Derivate, von denen es drei Typen gibt, werden als Δ^1- (14), Δ^2- und Δ^3-Pyrroline bezeichnet, und die Tetrahydropyrrole werden Pyrrolidine genannt.

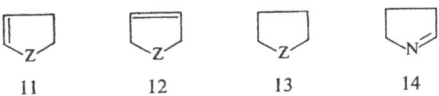

| 11 | 12 | 13 | 14 |

b) Reduzierte Furane. Reduzierte Furanringe kommen in vielen wichtigen Anhydriden, Lactonen, Halbacetalen und Äthern vor. Maleinsäureanhydrid (15) wird häufig als dienophile Komponente bei Diels-Alder-Reaktionen verwendet. Es ist ein Bestandteil von Alkydharzen. Ungesättigte γ-Lactone kommen als Naturstoffe vor, z.B. (16) bis (18). Die Furanose-Zucker [z.B. (19)] sind cyclische Halbacetale.

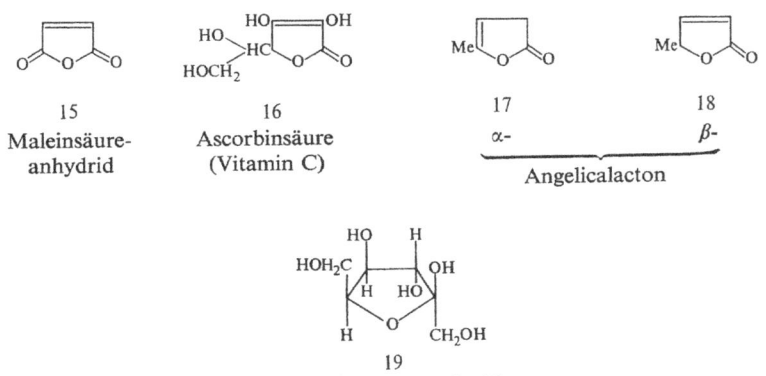

| 15 | 16 | 17 | 18 |
| Maleinsäure-anhydrid | Ascorbinsäure (Vitamin C) | α- | β- |

Angelicalacton

19
β-D-Fructofuranose oder Fructose

c) Reduzierte Pyrrole. Die Imide, Lactame und Imine, die den im vorhergehenden Abschnitt besprochenen sauerstoffhaltigen Verbindungen entsprechen, sind gleichfalls wichtig. Die Aminosäuren Prolin [(20), Y=H] und Hydroxyprolin [(20), Y=OH] kommen in Proteinen vor, und N-Bromsuccinimid (21) wird häufig für radikalische Bromierungen verwendet.

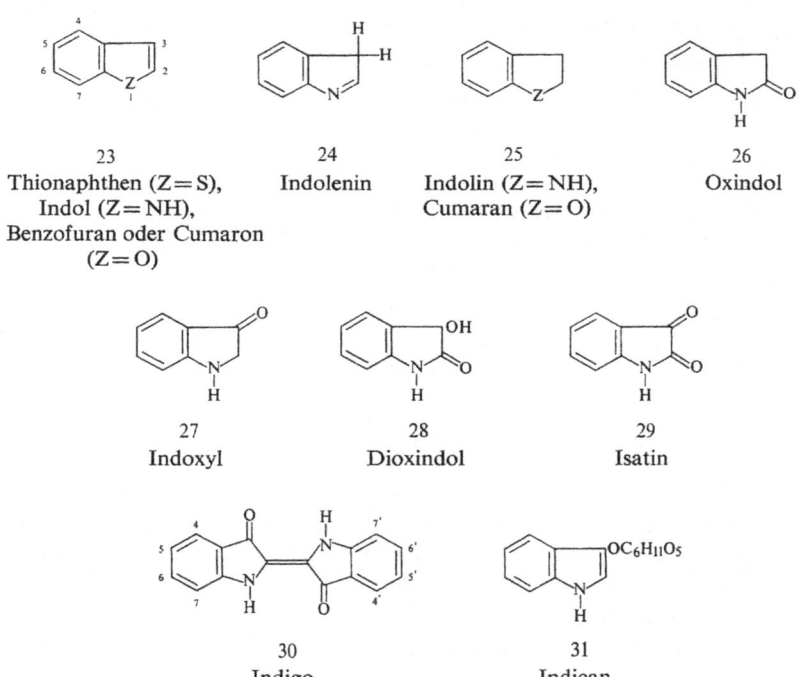

20

21

22
Biotin oder Vitamin H

d) Reduzierte Thiophene. Biotin (22), ein im Eidotter vorkommendes H-Vitamin, ist das wichtigste reduzierte Thiophen.

3. 2,3-Benzoderivate

a) Nomenklatur. Die voll aromatischen Verbindungen werden wie in Formel (23) angegeben benannt und beziffert. Derivate der isomeren Form (24) des Indols werden als Indolenine bezeichnet.

Die Namen Indolin [(25), Z = NH] und Cumaran [(25), Z = O] werden für die 2,3-Dihydro-Derivate des Indols bzw. Benzofurans benutzt. Die Oxo-indoline werden wie in den Formeln (26) bis (29) angegeben bezeichnet (bezüglich der Tautomerie dieser Oxo-Verbindungen vgl. Abschnitt 4.V.1.b).

23
Thionaphthen (Z = S),
Indol (Z = NH),
Benzofuran oder Cumaron
(Z = O)

24
Indolenin

25
Indolin (Z = NH),
Cumaran (Z = O)

26
Oxindol

27
Indoxyl

28
Dioxindol

29
Isatin

30
Indigo

31
Indican

b) Indole. Zahlreiche wichtige Indolderivate sind bekannt.

1. Indigo (30) ist ein schon im Altertum bekannt gewesener und viel verwendeter Küpenfarbstoff. Es wurde aus Indican (31) gewonnen, einem β-Glucosid des Indoxyls, das in einigen Pflanzen vorkommt. Heute wird Indigo synthetisch hergestellt. Der antike Purpur, ein seit dem Altertum verwendeter Naturfarbstoff, ist der 6,6'-Dibrom-indigo [vgl. (30)].

2. Zu den zahlreichen Indol-Alkaloiden gehören komplizierte Derivate wie Yohimbin (32) und Strychnin (33).

3. Tryptophan [(34), $R = CH_2 - CH(NH_2) - CO_2H$] ist eine wichtige Aminosäure, die in den meisten Proteinen vorkommt. Zu seinen Stoffwechselprodukten gehören das Skatol [(34), $R = Me$] und das Tryptamin [(34), $R = CH_2 - CH_2 - NH_2$].

4. Die 3-Indolyl-essigsäure [(34), $R = CH_2 - CO_2H$] hat Bedeutung als Pflanzenwachstumshormon.

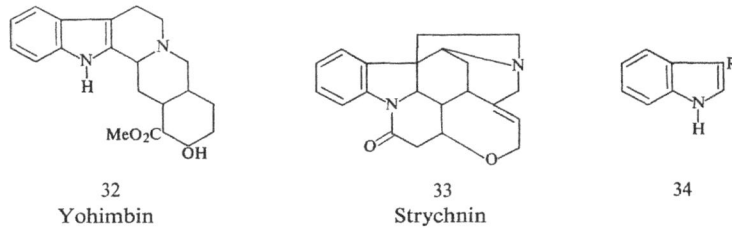

32	33	34
Yohimbin	Strychnin	

4. Andere Verbindungen

a) 3,4-Benzoderivate. Die total ungesättigten Derivate werden wie in Formel (35) angegeben bezeichnet und beziffert. Derivate aller dieser Verbindungen sind bekannt, sind jedoch ziemlich instabil (vgl. Abschnitt 4.III.A.b).

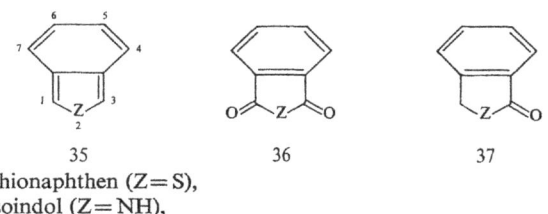

35	36	37

Isothionaphthen (Z = S),
Isoindol (Z = NH),
Isobenzofuran (Z = O)

Teilweise gesättigte Verbindungen werden gewöhnlich als Derivate der Phthalsäure benannt. Phthalsäure-anhydrid und Phthalimid [(36), Z = O, NH] sind wichtige technische Zwischenprodukte für die Herstellung von Farbstoffen und werden in Kunststoffen usw. verwendet.

Das Lacton und Lactam [(37), Z=O, NH] heißen Phthalid bzw. Phthalimidin.

b) Dibenzoderivate. Die voll aromatischen Verbindungen bezeichnet man als Dibenzothiophen, Carbazol und Dibenzofuran [(38), Z=S, NH, O]. Das in der Formel (38) angegebene Bezifferungssystem wird im vorliegenden Buch verwendet. In den *Chemical Abstracts* wird seit 1936 bei Dibenzofuranen und Dibenzothiophenen das in (39) wiedergegebene Bezifferungssystem verwendet, während für Carbazole das in (38) aufgeführte System beibehalten wurde. Vor 1936 wurde in allen Fällen das gleiche System (38) benützt.

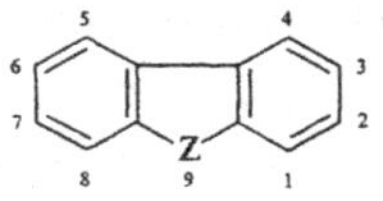

38
Dibenzothiophen (Z=S),
Carbazol (Z=NH),
Dibenzofuran (Z=O)

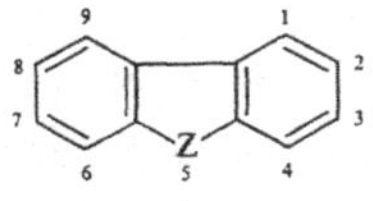

39

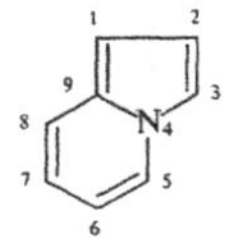

40
Indolizin oder Pyrrocolin

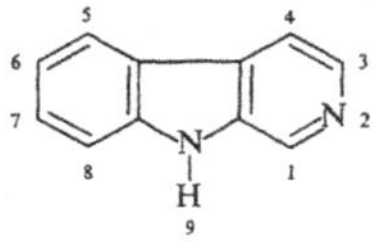

41
β-Carbolin

c) Andere kondensierte Ringverbindungen. Indolizin (40) ist sowohl ein Pyrrol- als auch ein Pyridin-Derivat. Indole mit einem in 2,3-Stellung ankondensierten Pyridinring werden Carboline genannt. Es gibt vier Isomere, z.B. 2- (oder β-) Carbolin (41).

II. Ringsynthesen

1. Allgemeiner Überblick

Die wichtigen Methoden zur Synthese dieser fünfgliedrigen heterocyclischen Ringe lassen sich in zwei Typen einteilen: erstens solche, bei denen eine C—Z-Bindung geschlossen wird (42), und zweitens solche, bei denen die C_3—C_4-Bindung geknüpft wird (43). Zur besseren Übersicht sind die für die Praxis wichtigsten Methoden in der folgenden Tabelle zusammengestellt.

$$\begin{array}{cc} {}^{4}C\!-\!C\,3 \\ {}^{5}C\!\cdots\!\underset{1}{Z}\;C\,2 \end{array}\qquad \begin{array}{c} C\quad C \\ C\!\diagdown\!\underset{Z}{}\!\diagup\!C \end{array}$$

$$\begin{array}{ccc} 42 & & 43 \end{array}$$

Dargestellter Ring	Synthese		Abschnitt
	Typ	Name	
Pyrrole	42	Paal-Knorr	4.II.2.c.1
	43	Knorr	4.II.3.a
	43	Hantzsch	4.II.3.c
Furane	42	Paal-Knorr	4.II.2.c.2
	43	Feist	4.II.3.c
Thiophene	42	Paal-Knorr	4.II.2.c.3
Pyrrolidine Tetrahydrofurane Thiolane	42	–	4.II.2.a.1
Indole	42	Reissert	4.II.2.c.3
	43	Bischler	4.II.3.c
	43	Fischer	4.II.3.b
Benzofurane Thionaphthene	43	–	4.II.3.d.2
Indoxyle	43	–	4.II.3.d.1
Oxindole	43	Brunner	4.II.3.b
Indolenine	43	Fischer	4.II.3.b
Carbazole	43	Graebe-Ullmann	4.II.3.d.4
Tetrahydrocarbazole	43	Borsche	4.II.3.b

2. Bildung von C—Z-Bindungen

a) Gesättigte Verbindungen. 1. Pyrrolidin [(45), Z=NH] und Thiolan [(45), Z=S] lassen sich ausgehend von Tetramethylendibromid (44) gewinnen. Tetrahydrofuran [(45), Z=O] entsteht aus dem entsprechenden Diol (46).

$$\begin{array}{ccccc} \underset{Br}{\overset{CH_2\!-\!CH_2}{\underset{|}{\overset{|}{\underset{CH_2}{\overset{CH_2}{}}}}}} & \xrightarrow[\text{oder NH}_3]{S^=} & \square_{Z} & \xleftarrow{\;H_3PO_4\;} & \underset{OH}{\overset{CH_2\!-\!CH_2}{\underset{|}{\overset{|}{\underset{OH}{\overset{CH_2}{}}}}}} & \underset{ZH}{\overset{CH_2\!-\!CH_2}{\underset{|}{\overset{|}{\underset{OH}{\overset{CO}{}}}}}} & \longrightarrow & \square_{Z}\!\!=\!O \end{array}$$

$$44 \qquad\qquad 45 \qquad\qquad 46 \qquad\qquad 47 \qquad\qquad 48$$

2. γ-Hydroxy- und γ-Thiol-carbonsäuren [(47), Z=O, S] cyclisieren gewöhnlich spontan unter Bildung von Lactonen und Thiolactonen (48). γ-Aminosäuren [(47), Z=NH] bilden das Lactam (48) erst beim Erhitzen.

3. Pyrrolidine lassen sich auch durch Mannich-Reaktionen gewinnen. Ein Beispiel ist die Synthese des Tropinons [(49)→(50)]. Reaktionen dieses Typs spielen bei der Alkaloid-Biogenese eine Rolle.

4. Die Synthese von Pyrrolidinen durch die radikalische HCl-Abspaltung aus N-Chlor-aminen [(51)→(52)] ist präparativ von Bedeutung

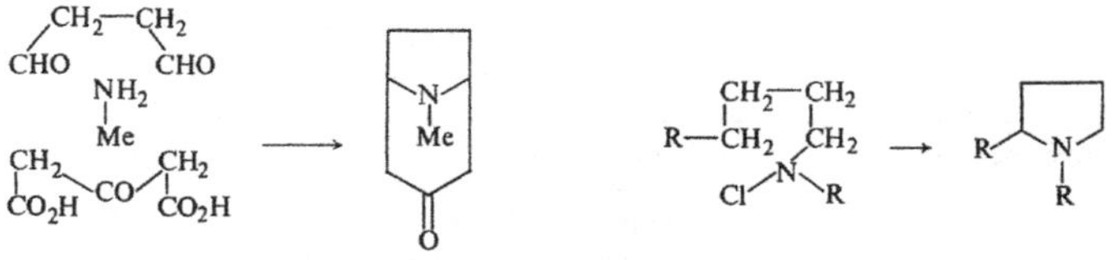

49   50   51   52

b) Ringe mit einer Äthylen-Doppelbindung. Verbindungen mit einer 3,4-Doppelbindung [(53), (54)] oder einem in 3,4-Stellung ankondensierten Benzolring [(55), (56)] lassen sich durch ähnliche Methoden wie in Abschnitt a darstellen, z. B. (57)→(58).

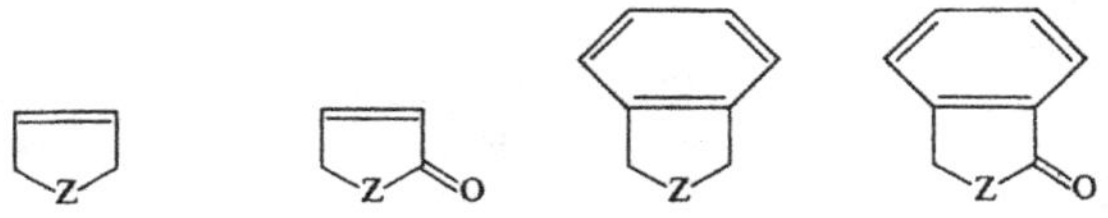

53   54   55   56

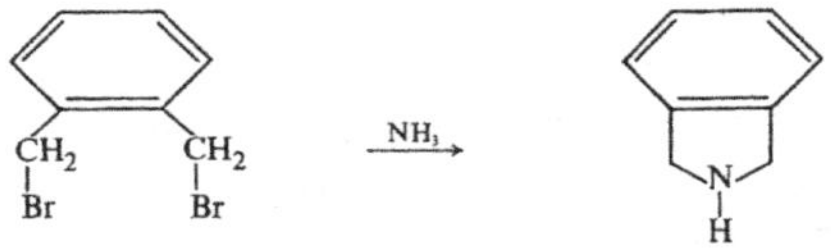

57   58

Verbindungen mit einer 2,3-Doppelbindung oder einem 4,5-Benzo-Ring lassen sich auf den folgenden Wegen gewinnen.

1. Cyclische Enol-äther bilden sich aus γ-Keto-alkoholen. Beispielsweise liefert $Ac(CH_2)_3OH$ beim Destillieren das Dihydrofuran (59).

2. β,γ-Ungesättigte Lactone werden aus γ-Ketosäuren dargestellt, z. B. (60)→(61).

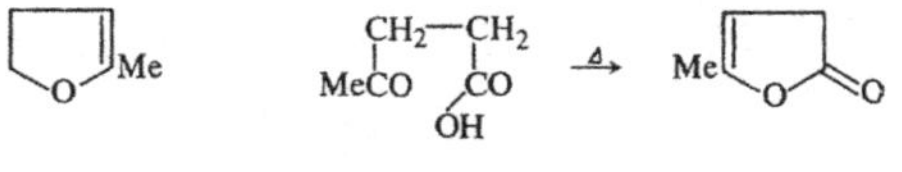

59   60   61

3. Indoline [(63), Z=H] und ihre S- und O-Analoga lassen sich aus *o*-substituierten β-Phenyläthylbromiden (62) gewinnen, die entweder spontan oder bei Erhitzen oder Behandlung mit Alkali cyclisieren.

4. Oxindole [(65), Z=NH] bilden sich ebenfalls durch spontane Cyclisierung von Säuren des Typs (64).

c) *Aromatische Verbindungen.* Die vielseitige Paal-Knorr-Synthese ist die wichtigste präparative Methode für Furane und Thiophene. Auch für Pyrrole wird sie häufig angewandt. Als gemeinsames Ausgangsmaterial dienen 1,4-Diketone [z.B. (65a)], die folgende Produkte liefern:

1. Pyrrole [(66), Z=NH oder NR] durch Reaktion mit NH_3 oder RNH_2,

2. Furane [(66), Z=O] durch Behandlung mit H_2SO_4, P_2O_5 oder $ZnCl_2$,

3. Thiophene [(66), Z=S] durch Destillation über P_4S_7.

Die Reissertsche Indol-Synthese ist eine verwandte Reaktion. *o*-Nitrotoluol liefert durch Claisen-Kondensation mit Oxalsäureester den Brenztraubensäureester (67). Wird dieser mit Zn−AcOH reduziert, so cyclisiert die entsprechende Aminoverbindung spontan zum Indol-2-carbonsäureester (68).

1,2,3,4-Tetrahydroxy-Verbindungen werden bei weiteren Reaktionen des gleichen allgemeinen Typs eingesetzt. So liefern Hexosen [(69), R=CH$_2$OH] und Pentosen [(69), R=H] 5-Hydroxymethyl-furfurol (70, R=CH$_2$OH) bzw. Furfurol (70, R=H).

Pyrolyse von Butan mit Schwefel gibt Thiophen. Diese Reaktion ist möglicherweise die Ursache für das Vorkommen des Thiophens im Benzol aus Steinkohlenteer.

3. Bildung der C_3—C_4-Bindung

a) *Die Knorrsche Pyrrol-Synthese.* Die Knorrsche Pyrrol-Synthese ist die wichtigste Darstellungsmethode für Pyrrole. Dieses vielseitige Verfahren besteht in der Kondensation eines β-Ketoesters mit einem α-Aminoketon, z. B. (71)→(72). Der β-Ketoester kann durch ein β-Diketon ersetzt werden; einfache Ketone liefern schlechte Ausbeuten. Das Aminoketon wird häufig in situ erzeugt, indem man ein zweites Molekül des β-Ketoesters nitrosiert und reduziert (z. B. mit Zn−AcOH).

71   72

73   74   75   76

b) Die Fischersche Indol-Synthese. Die Fischersche Indol-Synthese ist die wichtigste präparative Methode für Indole. Die tautomere Form (74) eines Phenylhydrazons (73) kann sich in einer Reaktion vom Typ der *ortho*-Benzidin-Umlagerung zum Zwischenprodukt (75) umlagern, das unter Verlust von Ammoniak spontan zum Indol (76) cyclisiert. Für das Eintreten der Reaktion sind ein saurer Katalysator (z. B. ZnCl$_2$, HCl−H$_2$O, H$_2$SO$_4$) sowie Temperaturen von ca. 100−200 °C erforderlich.

Enthält das Phenylhydrazon sowohl eine α-Methylen- als auch eine α-Methyl-Gruppe, so reagiert bevorzugt die erstere; (77) liefert z. B. (78). Befindet sich ein tertiäres Wasserstoff-Atom am α-Kohlenstoffatom, wie z. B. in (79), so wird ein Indolenin (80) bevorzugt vor einem Indol gebildet.

77   78   79   80

Die Borsche-Synthese von Tetrahydrocarbazolen [z. B. (81)→(82)] ist ein Spezialfall der Fischerschen Indol-Synthese, bei welchem man Cyclohexanon-phenylhydrazone als Ausgangssubstanzen verwendet. Phenylhydrazide (83) geben unter veränderten Bedingungen (CaO, 200 °C) Oxindole (84) (Brunner-Synthese).

81   82   83   84

c) Cyclisierung von α-Halogenketonen unter Bildung von Pyrrolen, Furanen und Indolen. α-Halogenketone reagieren mit:

1. Vinylaminen unter Bildung von Pyrrolen,

2. β-Ketoestern unter Bildung von Furanen,

3. Anilinen unter Bildung von Indolen.

Zwei alternative Orientierungen sind möglich. Die Orientierung bei der Hantzschen Pyrrol-Synthese [z.B. (85)→(86)] ist von der bei der Feistschen Furan-Synthese [z.B. (87)→(88)] verschieden. Die Indol-Synthese nach BISCHLER ergibt Gemische aus vergleichbaren Mengen der beiden Produkte, die durch Reaktion des aromatischen Amins mit dem Halogenketon in beiden möglichen Orientierungen entstehen [z.B. $PhNH_2 + Ph-CO-CH_2Br \rightarrow (89) + (90)$].

85   86   87   88

89   90

d) Andere Cyclisierungen an einem Benzolring. 1. Indoxyle und ihre Sauerstoff- und Schwefel-Analoga werden durch Cyclisierung von Anilino-, Phenoxy- und Phenylthio-essigsäuren erhalten [(91)→(92)]. Als Kondensationsmittel werden $NaNH_2$ (für Z=NH), P_2O_5 (für Z=O) und H_2SO_4 (für Z=S) verwendet.

2. Indole, Thionaphthene und Benzofurane entstehen aus Ketonen des Typs (93), die durch $ZnCl_2$ oder H_2SO_4 zu (94, Z=NH, S, O) cyclisiert werden.

3. Dibenzofurane und Dibenzothiophene (96) erhält man durch die spontane Cyclisierung von Diazoniumsalzen [(95), Z=O, S] nach Art der Pschorr-Reaktion.

4. Carbazole werden durch die Graebe-Ullmann-Synthese dargestellt. Diazoniumsalze vom Typ (95) (Z=NH) cyclisieren direkt zu Benzo-triazolen (97). Bei der Pyrolyse ergeben diese Triazole Carbazole [(96), Z=NH]; vgl. Abschnitt 5.III.E.b.

91   92   93   94

$$95 \qquad 96 \qquad 97$$

III. Reaktionen der aromatischen Kerne

Die elektrophile Substitution von Pyrrol, Furan und Thiophen gelingt leicht. Zahlreiche Beispiele sind bekannt, die im einzelnen in den Abschnitten 4.III.B.1 bis 8 besprochen werden. Wasserstoff am Pyrrol-Stickstoffatom kann durch nucleophile Reagentien abgespalten werden, wodurch ein reaktionsfähiges Anion entsteht (vgl. Abschnitt 4.III.C.1), und Pyrrole, Furane und Thiophene lassen sich reduzieren (Abschnitt 4.III.C.2). Andere Reaktionen mit nucleophilen Reagentien sind selten (Abschnitt 4.III.C.3). Über radikalische Reaktionen ist erst wenig bekannt (Abschnitt 4.III.C.4). Furane und 3,4-Benzopyrrole und -thiophene gehen Diels-Alder-Reaktionen ein (Abschnitt 4.III.C.5), was auf ihren geringen aromatischen Charakter hindeutet.

A. Allgemeiner Überblick über die Reaktivität

a) Vergleich mit der aliphatischen Reihe. Viele Reaktionen aliphatischer Amine, Äther und Sulfide beginnen mit dem Angriff eines elektrophilen Reagens auf ein einsames Elektronenpaar am Heteroatom. Salze, quartäre Salze, Koordinationsverbindungen, Aminoxyde, Sulfoxyde und Sulfone werden auf diese Weise gebildet (98). Entsprechende Reaktionen an Pyrrolen, Furanen und Thiophenen sind sehr selten (vgl. Abschnitt 4.III.C.1). Diese Heterocyclen reagieren mit elektrophilen Reagentien an den Kohlenstoffatomen (99), (100) statt am Heteroatom. Vinyläther und -amine (101) zeigen ein dazwischenliegendes Verhalten, indem sie häufig am β-Kohlenstoffatom, manchmal aber auch am Heteroatom in Reaktion treten.

$$98 \qquad 99 \qquad 100 \qquad 101$$

$$102 \qquad 103 \qquad 104 \qquad 105 \qquad 106$$

Die Heteroatome in Pyrrol, Furan und Thiophen tragen im Grundzustand positive Partialladungen, die eine Reaktion mit elektrophilen Reagentien hindern. Diese Ladungsverteilung ergibt sich aus der Valenzstruktur- (valence bond) Theorie als Folge des Beitrags kanonischer Formeln vom Typ (102) und (103) zu den Resonanzzwittern. Die Molekularbahn- (molecular orbital) Theorie führt zu ähnlichen Voraussagen: Das Heteroatom steuert zwei Elektronen zu den Molekül-π-Orbitals bei, die Kohlenstoffatome nur je eines (105). Ähnliche Betrachtungen lassen sich auf die aliphatischen Analoga anwenden [vgl. (104), (106)].

$$EtO-CH=CH_2\,H^+ \;\longrightarrow\; EtO^+{=}CH-CH_2-H \;\longrightarrow\; EtO^+{=}CH-Me \;\longrightarrow\; EtO-\underset{Br}{CH}-Me$$

$$107 \qquad\qquad 108 \qquad\qquad 109 \qquad\qquad 110$$

b) Aromatischer Charakter. Vinyläther und -amine zeigen kaum eine Tendenz zur „Rückkehr zum Typ". Die durch Reaktion mit einem elektrophilen Reagens gebildete Zwischenstufe reagiert weiter, indem sie eine nucleophile Spezies addiert und eine Additionsverbindung gibt [vgl. die Folge (107)→(110)]. Thiophen und Pyrrol besitzen stark aromatischen Charakter: Aus den Messungen der Verbrennungswärmen ergeben sich erhebliche Resonanzenergien, und die NMR-Spektren zeigen die Existenz von Ringströmen an. Infolgedessen verliert die durch Reaktion von Thiophen oder Pyrrol mit einem elektrophilen Reagens gebildete Zwischenstufe ein Proton unter Bildung einer substituierten Verbindung [vgl. die Reaktionsfolge (111)→(114)]. Das Furan hat weniger aromatischen Charakter und reagiert sowohl unter Addition als auch unter Substitution.

$$111 \qquad\qquad 112 \qquad\qquad 113 \qquad\qquad 114$$

$$115 \qquad\qquad\qquad 116$$

In den 3,4-Benzoderivaten (115) ist die Kekulé-Resonanz des Benzolrings beeinträchtigt; diese Verbindungen sind instabil und reagieren gewöhnlich unter Addition. 2,3-Benzoderivate (116) weisen erhebliche Resonanzenergien auf und zeigen gewöhnlich „Rückkehr zum Typ".

B. Reaktionen mit elektrophilen Reagentien

1. Leichtigkeit der Reaktion

Die elektrophile Substitution tritt erheblich leichter als in Benzol ein. Thiophen reagiert ungefähr so leicht wie Mesitylen (etwa 10^3 mal so schnell wie Benzol). Pyrrol und Furan reagieren so leicht wie Phenol oder sogar Resorcin. Der Einfluß von Substituenten auf die Reaktivität der heterocyclischen Kerne ist ähnlich wie im Benzol. So erschwert ein *meta*-dirigierender Substituent die weitere Substitution etwas, und zwei solche Substituenten erschweren sie sehr stark. Beispielsweise läßt sich 2,5-Furandicarbonsäure nicht nitrieren, sulfonieren oder halogenieren. Alkyl- und Aryl-Gruppen, Halogene und ankondensierte Benzolringe haben relativ wenig Einfluß auf die Leichtigkeit der Substitution. Hydroxyl- und Amino-Gruppen sollten die Substitution erleichtern, jedoch existieren diese Verbindungen entweder in einer anderen tautomeren Form, oder sie sind sehr instabil (vgl. Abschnitt 4.V.1). Man weiß deshalb nur wenig über ihre Substitutionsreaktionen.

2. Orientierung

Pyrrole, Furane und Thiophene werden stets überwiegend und gewöhnlich sogar ausschließlich in α-Stellung substituiert. Der zur α-Substitution führende Übergangszustand (117) ist offensichtlich stabiler als der zur β-Substitution führende (118). Die Tendenz zur α-Substitution ist stark; wenn eine α-Stellung unbesetzt ist, so erfolgt dort die Reaktion gewöhnlich ohne Rücksicht auf die dirigierende Wirkung bereits vorhandener Substituenten.

Als wichtigste Ausnahmen von dieser Regel werden Indol und Thionaphthen zumeist in β-Stellung substituiert (119). Hier ist im Übergangszustand für die α-Substitution die Benzolring-Mesomerie gestört. Merkwürdigerweise wird Benzofuran in α-Stellung substituiert (119). Wenn beide α-Stellungen unbesetzt sind, wird die Substitution durch die bereits vorhandenen Substituenten gelenkt (120). Das gilt auch für den Fall, daß beide α-Stellungen besetzt, aber beide β-Stellungen noch unbesetzt sind (121).

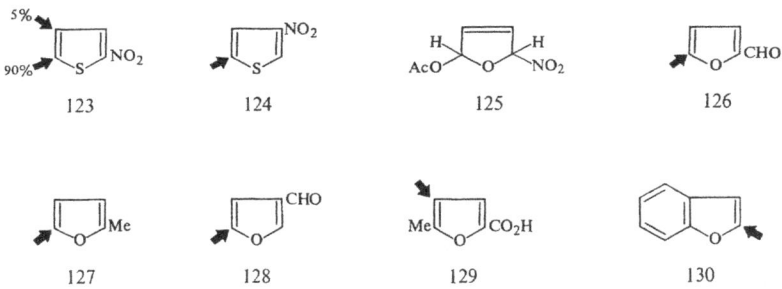

120　　　　　　　　　　　121

3. Nitrierung

Thiophen gibt mit Salpetersäure in Essigsäure zu 70 bis 85 % das 2- und zu 5 % das 3-Nitro-thiophen. Die weitere Nitrierung ($HNO_3 -$ $-H_2SO$]) des Mononitro-Derivats verläuft wie erwartet; vgl. die Formeln (123) und (124). Das 2-Cyan-thiophen wird überwiegend in der 4-Stellung nitriert; die dirigierende Wirkung der Cyan-Gruppe ist offensichtlich stärker als die des Thiophen-Rings.

123　　　　　　124　　　　　　125　　　　　　126

127　　　　　　128　　　　　　129　　　　　　130

Pyrrol gibt mit Acetylnitrat ($HNO_3 - Ac_2O$) in schlechter Ausbeute 2-Nitropyrrol. 2-Acetyl-pyrrol und 2-Pyrrolcarbonsäure-methylester, die durch elektronenanziehende Substituenten stabilisiert sind, lassen sich zu Gemischen aus vergleichbaren Mengen der 4- und 5-Nitro-Derivate nitrieren, wobei die Ausbeuten besser als bei der Stammverbindung sind.

Furan gibt mit Acetylnitrat das Additionsprodukt (125), das durch Pyridin in 2-Nitrofuran übergeführt wird. Die Positionen, in denen substituierte Furane durch Acetylnitrat nitriert werden, sind in den Formeln (126) bis (130) angegeben; sie sind beispielhaft für die in Abschnitt 4.III.B.2 gegebenen Orientierungsregeln.

4. Sulfonierung

Thiophen liefert beim Schütteln mit Schwefelsäure leicht die 2-Sulfonsäure. Gewöhnlich befreit man Benzol auf diese Weise von Thiophen.

Pyrrol und Furan verharzen mit Schwefelsäure (Abschnitt 4.III.B.9), aber das Pyridin-Schwefeltrioxyd-Addukt (Abschnitt 2.IV.B.2) liefert Pyrrol-, Furan- und Thiophen-2-sulfonsäure in annehmbarer Ausbeute. Furan läßt sich durch dieses Addukt weiter sulfonieren, wobei man die 2,5-Disulfonsäure erhält.

5. Halogenierung

Chlor und Brom bilden mit Thiophen sukzessive die in den Formeln (131) bis (134) gezeigten Halogenierungsprodukte. Man kann die Bromierung nach den einzelnen Stufen unterbrechen. Monochlor- und Dichlor-Derivate sind präparativ durch Chlorierung mit MeCONHCl erhalten worden. Auch Additionsprodukte bilden sich bei der Chlorierung. Bei langer Einwirkung von $Cl_2 - J_2$ entsteht das Dihydrothiophen-Derivat [(135), Z = S]. Die Jodierung ($J_2 - HgO$) ergibt nur Mono- und Dijodthiophen (131), (132). Die Halogenierung substituierter Verbindungen verläuft wie erwartet; vgl. z.B. die Formeln (136) und (137).

Bei der Chlorierung (SO_2Cl_2), der Bromierung ($Br_2 - AcOH$) und der Jodierung ($J_2 - KJ$) von Pyrrol bekommt man durchweg die entsprechenden Tetrahalogen-pyrrole. In substituierten Pyrrolen werden gewöhnlich alle freien Positionen substituiert. Bei langer Chlorierungsdauer (Überschuß SO_2Cl_2) wird Pyrrol in (135, Z = NH) übergeführt.

Furan erleidet unter Halogenierungsbedingungen meist Zersetzung, doch werden mit Brom sukzessive die Verbindungen (138) bis (141) gebildet. Dies zeigt wiederum den geringeren aromatischen Charakter des Furans und seine im Vergleich mit den S- oder NH-analogen Verbindungen stärkere Tendenz zur Bildung von Additionsprodukten. Furane, die durch elektronenanziehende Gruppen stabilisiert sind, werden gelinder halogeniert; so liefert 2-Furancarbonsäure beim Bromieren nacheinander die 5-Brom- und 4,5-Dibrom-Derivate [vgl. (137)].

6. Acylierung

Thiophen wird unter den Bedingungen der Friedel-Crafts-Synthese mit milden Katalysatoren (z.B. $SnCl_4$, $ZnCl_2$) leicht zu normalen Produkten acyliert. Beispielsweise bilden Acetylchlorid, Benzoylchlorid und Bernsteinsäureanhydrid die 2-Acylthiophene [(142), Y = COMe, COPh, COCH$_2$CH$_2$CO$_2$H].

Furan und Pyrrol reagieren mit Essigsäureanhydrid schon ohne Einwirkung eines Katalysators, wobei die 2-acetylierten Produkte entstehen [(143), Z = O, NH]. Indol wird analog in sein 1,3-Diacetyl-Derivat (144) umgewandelt. Auch die Houben-Hoesch-Ketonsynthese läßt sich zur Darstellung von Acylderivaten des Furans und Pyrrols anwenden. Beispielsweise gibt Äthyl-2,4-dimethylpyrrol-3-carboxylat mit CH$_3$CN und HCl die Verbindung (145).

| 142 | 143 | 144 | 145 |

Aldehyde lassen sich durch Reaktion von Thiophenen, Furanen und Pyrrolen mit N-Methyl-formanilid und POCl$_3$ als Katalysator herstellen.

Pyrrole und Furane geben auch die Gattermann-Aldehydsynthese. Diese Reaktion, bei der man mit HCl und HCN umsetzt, überführt Furan in Furfuraldehyd und 2-Methylindol in 2-Methylindol-3-carboxaldehyd.

7. Reaktionen mit Aldehyden und Ketonen

a) Bildung von Carbinolen oder Carbonium-Ionen. Bei der Reaktion von Thiophenen, Pyrrolen oder Furanen mit den konjugierten Säuren von Aldehyden oder Ketonen (146) entsteht als Primärprodukt der Alkohol (147). Er läßt sich gewöhnlich nicht isolieren, da die Hydroxylgruppe leicht unter Bildung des Kations (148) abgespalten wird (vgl. Abschnitt 4.IV.3.b), das entweder das Endprodukt darstellt oder aber weiter reagiert.

| 146 | 147 | 148 | 149 |

Ist das Kation (148) resonanzstabilisiert, so ist es häufig das Endprodukt. Beim Ehrlichschen Pyrrol-Test bilden sich mit p-Dimethylamino-benzaldehyd und Salzsäure leuchtend gefärbte Produkte vom Typ (149). Wie zu erwarten, reagieren Pyrrole bevorzugt in α- und Indole in β-Stellung, doch wenn diese Stellungen besetzt sind, kann die Reaktion auch an anderen Positionen ablaufen.

b) Weiterreaktion der Carbonium-Ionen. 1. Bei Pyrrolen, die nicht am Stickstoff substituiert sind, können Ionen des Typs [(148), Z = NH] ein Proton vom Ring-Stickstoff abspalten. Beispielsweise liefert Indol mit Ph_2CO oder PhCHO in HCl—EtOH Produkte vom Typ (149a). Mit HCO_2H oder PhCOCl gibt Indol „Rosindole" [(150), R = H, Ph], indem zunächst ein Keton entsteht, das mit einem zweiten Indol-Molekül in einer Reaktion des hier besprochenen Typs weiter reagiert (vgl. die Diskussion in Abschnitt 4.III.B.6).

149a   150

151   152   153

2. Das Ion (148), das als elektrophiles Reagens wirkt, kann auch ein zweites Molekül der heterocyclischen Verbindung angreifen. Aus Thiophen entsteht mit Benzaldehyd oder Chloral das zweikernige Produkt [(151), R = Ph, CCl_3]. Pyrrol und Furan reagieren mit Aceton unter Bildung vierkerniger Derivate vom Typ (152) (Z = NH, O). Pyrrole mit nur einer freien Position verhalten sich analog wie Thiophen. Beispielsweise ergeben zwei Moleküle 2,4-Dimethylpyrrol-3-carbonsäure-äthylester mit Formaldehyd das Dipyrromethan (153).

3. Seltener bilden Ionen vom Typ (148) dimere Produkte (wahrscheinlich, indem zunächst ein Proton vom Kern abgespalten wird). Beispielsweise geben Thiophene mit zwei freien α-Stellungen oder freien benachbarten α- und β-Stellungen mit Isatin (153b) Indophenine [z.B. (153a)]. Man benützt diese Reaktion, den sogenannten „Indophenin-Test", als Nachweis für Thiophen.

153a   153b

153c   153d   153e

c) Chlormethylierung. Die Chlormethylierung von Furanen und Thiophenen verläuft glatt mit Formaldehyd und Salzsäure. Ein intermediärer Alkohol vom Typ (147) wird dabei in das Chlormethyl-Derivat übergeführt. Thiophen liefert so die Verbindung (153c) und Thionaphthen das Produkt (153d). Furan wird unter diesen Bedingungen zersetzt, doch gibt beispielsweise 2,5-Diphenylfuran das 3,4-Bis-chlormethyl-Derivat (153e).

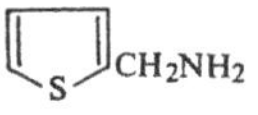

154 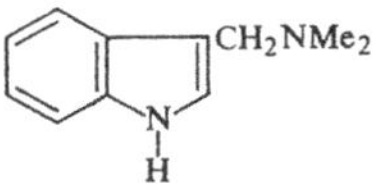   155

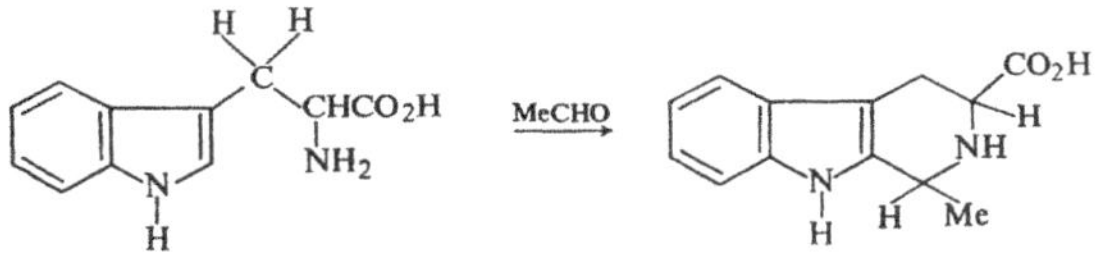

156   157

d) Mannich-Reaktion. Mannich-Reaktionen verlaufen über die Bildung von $CH_2=NR_2^+$-Ionen aus Formaldehyd und einem Amin; diese Ionen reagieren mit der heterocyclischen Verbindung auf analoge Weise, wie in Formel (146) angegeben, weiter. Derartige Reaktionen treten mit folgenden Heterocyclen leicht ein:

1. Thiophen + NH_3 + CH_2O → (154).

2. Indol + $NHMe_2$ + CH_2O → Gramin (155).

3. Tetrahydro-β-carboline werden durch eine interne Mannich-Reaktion synthetisiert [z.B. (156)→(157)]; man nimmt an, daß diese Reaktion dem Weg ihrer Biosynthese entspricht.

8. Diazo-Kupplung, Nitrosierung und Mercurierung

1. Diazonium-Ionen kuppeln mit Pyrrolen und Indolen zu Produkten vom Typ (158).

2. Die Nitrosierung ($NaNO_2$ − HOAc) gelingt bei einigen Pyrrolen; 3-Methoxy-indol liefert beispielsweise (159).

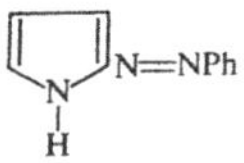

158 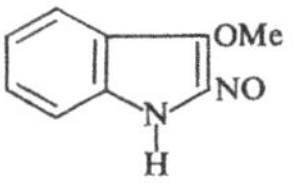   159 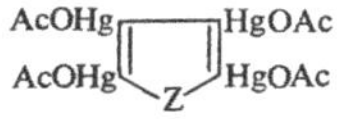   160 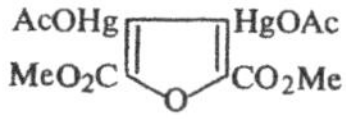   161

3. Quecksilber(II)-acetat hat die Tendenz, alle freien Kernpositionen in Thiophenen und Furanen zu mercurieren (vgl. Benzol, das Mono- und *p*-Di-acetoxymercuribenzol ergibt). Thiophen und Furan selbst geben Produkte vom Typ (160), und sogar das desaktivierte Dimethyl-furan-2,5-dicarboxylat führt zu (161).

Quecksilber(II)-chlorid, das ein milderes Reagens als Quecksilber(II)-acetat ist, reagiert mit Benzol nicht, während es mit Thiophenen und Furanen die 2-Mono- und 2,5-Di-mercurichlorid-Derivate liefert.

9. Reaktionen mit Säuren

a) Kationische Funktion. Pyrrole bilden mit Säuren (162) instabile Kationen vom Typ (163) oder (164). Thiophene und Furane liefern ähnliche Ionen als Reaktionszwischenprodukte. Durch Protonenabspaltung wird die ursprüngliche Verbindung wiederhergestellt. Alle Ring-Wasserstoffatome von Pyrrolen tauschen in saurer Lösung mit Deuterium aus. Die 1-Wasserstoff-Atome von Pyrrolen tauschen selbst in neutraler Lösung aus, vermutlich über die Anionen (vgl. Abschnitt 4.III.C.1).

| 162 | 163 | 164 | 165 | 166 |

b) Ringöffnung. Anschließend an die Primärprotonierung [z.B. (162)→(163), (164)] können Pyrrol und Furan leicht durch nucleophile Reagentien angegriffen werden. Bei diesen Ringöffnungsreaktionen sind offenbar durch β-Protonierung gebildete Kationen (164) als Zwischenstufen beteiligt. So liefert Pyrrol mit Hydroxylamin Succindialdoxim (165) und Furan mit methanolischer Salzsäure das Acetal (166).

c) Polymerisation. Die Protonierung kann auch eine Polymerisation einleiten. Pyrrol gibt das Trimere (167) sowie ein hochpolymeres „Pyrrolrot". Aus Indol entstehen das Dimere [(168), Y=3-Indolyl] und das Trimere [(169), Y=3-Indolyl]; diese Produkte entsprechen formal den Produkten von Aldol- bzw. Knoevenagel-Kondensationen von (170) mit weiteren Indol-Molekülen. Furane geben bei Behandlung mit Säuren und längerer Polymerisationsdauer Harze.

| 167 | 168 | 169 | 170 |

d) Picrate. Indole und Carbazole bilden rote Picrate, bei denen es sich um Molekülkomplexe handelt, die den von Naphthalin und anderen Kohlenwasserstoffen gebildeten Komplexen ähnlich sind.

10. Oxydation

a) Pyrrole und Furane. Pyrrole und Furane lassen sich leicht oxydieren. Viele ihrer Derivate zersetzen sich beim Stehen an der Luft zu schlecht definierten Produkten. Pyrrole werden durch Chromsäure zu Maleinimiden (171) oxydiert, wobei alle Substituenten in 2- oder 5-Stellung abgespalten werden. Andere Oxydationsmittel, wie H_2O_2, O_3 usw., bilden „Pyrrolschwarz", bei dem es sich um schlecht definierte Polymere handelt. Die Oxydation von Furan (mit Brom oder elektrolytisch) in alkoholischer Lösung führt zu den entsprechenden 2,5-Dialkoxy-2,5-dihydrofuranen (172). Andere Oxydationsmittel verursachen häufig einen völligen Abbau sowohl von Pyrrolen als auch von Furanen.

171   172

b) Indole. Indole werden gleichfalls leicht oxydiert. Bei der katalytischen Oxydation mit Luft über Platin entstehen Peroxyde [z.B. erhält man (174) aus Tetrahydrocarbazol]. Diese Peroxyde lassen sich zu Indolenin-carbinolen (173) reduzieren oder zu Dicarbonyl-Derivaten umlagern (174)→(175).

173   174   175

c) Thiophene. Thiophene aber sind gegen Luftoxydation und auch gegen viele Oxydationsmittel in Lösung recht stabil. Ozon greift die C=C-Bindungen an, z.B. gibt Thionaphthen (176) *o*-Mercapto-benzaldehyd (177).

176   177   178   179   180

Die Reaktionen von Peroxysäuren (AcO_2H, $PhCO_3H$) mit Thiophenen gehören zu den seltenen Beispielen, bei denen ein elektrophiles

Reagens am Schwefelatom angreift. Thiophen selbst liefert das bimolekulare Produkt (178), indem das intermediäre Sulfon eine Kondensation vom Diels-Alder-Typ eingeht (vgl. Abschnitt 4.VI.2). Hingegen führen Thiophene, die durch Phenyl- oder Methyl-Gruppen oder durch Brom-Atome polysubstituiert sind, sowie Thionaphthene und Dibenzothiophene zu isolierbaren Sulfonen [z. B. (179)].

Ein weiteres Beispiel für den Angriff eines elektrophilen Reagens am Ring-Schwefelatom besteht in der kürzlich beobachteten Reaktion zwischen Thiophen und $Me_3O^+BF_4^-$, bei der das S-Methyl-thiophenium-Kation (180) entsteht.

C. Andere Reaktionen der aromatischen Kerne

1. Reaktionen unter Deprotonierung von Pyrrolen

a) Pyrrole als Säuren. Wie in Abschnitt 4.III.A.a besprochen, bewirkt die Elektronenabgabe an den Ring, daß das Pyrrol-Stickstoffatom sehr viel schwächer basisch ist als ein Stickstoffatom in einem sekundären Amin. Aus dem gleichen Grunde besitzt die NH-Gruppe von Pyrrolen sauren Charakter; Pyrrol selbst ist eine schwache Säure von etwa der gleichen Stärke wie Acetylen. Das entstehende Anion reagiert überaus leicht schon mit schwach elektrophilen Reagentien, und zwar entweder am Kohlenstoff (181) oder am Stickstoff (182). Dieses Verhalten ähnelt dem des Acetessigester-Anions, das ebenfalls zwei Reaktionsmöglichkeiten hat [(183), (184)].

| 181 | 182 | 183 | 184 |

b) Pyrrol-Grignard-Reagentien. Pyrrole und Indole reagieren als Verbindungen mit aktivem Wasserstoff mit Grignard-Reagentien, wobei sich Kohlenwasserstoffe und neue, weitgehend ionische Grignard-Reagentien bilden, die sich von dem Pyrrol oder Indol ableiten [z. B. (185)]. Pyrrolyl- und Indolyl-magnesiumhalogenide gehen viele der üblichen Grignard-Reaktionen ein, wobei 1- oder 2-substituierte Pyrrole [vgl. (181) und (182)] oder 1- oder 3-substituierte Indole entstehen (vgl. die Diskussion in Abschnitt 4.III.B.2). Häufig bilden sich Gemische aus N- und C-substituierten Produkten, deren Anteile oft durch einen Wechsel des Lösungsmittels, der Temperatur oder des Reagens geändert werden.

Pyrrolyl-magnesiumbromid (185) reagiert folgendermaßen:

1. Alkylhalogenide geben 2-Alkylpyrrole [z. B. (186)].

2. Chlorameisensäureester führt zu einem Gemisch aus (187) und (188).

3. Kohlendioxyd gibt Gemische der 1- und 2-Carbonsäure.

4. Ester oder Säurechloride liefern Gemische der 1- und 2-Acyl-Verbindungen.

| 185 | 186 | 187 | 188 |

Ketone und Ester reagieren gewöhnlich mit Grignard-Reagentien weiter. Sowohl Ketone und Ester vom Typ (188) als auch Pyrrolyl-Grignard-Reagentien sind jedoch resonanzstabilisiert und daher weniger reaktionsfreudig.

c) Andere Pyrrol-Anion-Zwischenstufen. Pyrrole lassen sich mit $NaNH_2 - NH_3$ oder $K - PhCH_3$ in die Alkalimetallsalze umwandeln, deren Acylierung oder Alkylierung hauptsächlich 1-substituierte Derivate ergibt.

Außer den Grignard-Reaktionen und den durch völlige Umwandlung in Alkalisalze hervorgerufenen Reaktionen kennt man Umsetzungen, die unter den Bedingungen einer nur teilweisen Umwandlung in die Anionen ablaufen. In einigen Fällen werden 1-substituierte Produkte gebildet. Beispielsweise wird Pyrrol in Gegenwart von $NaOH - H_2O$ zu 1-Benzoyl-pyrrol benzoyliert.

Häufiger bilden sich 2-substituierte Pyrrole und 3-substituierte Indole. Die folgenden Reaktionen sind Beispiele für diesen Typ:

1. Siedende wäßrige Kaliumcarbonat-Lösung verwandelt Pyrrol in seine 2-Carbonsäure; das Ion (181) reagiert mit Kohlendioxyd.

2. 2,3,4,5-Tetramethylpyrrol gibt mit $MgO - MeJ$ Pentamethyl-pyrrolenin (189).

3. Alkylnitrite oder -nitrate reagieren mit Natriumäthylat und Indol zu 3-Nitroso- [z.B. (190)→(191)] oder 3-Nitro-indol.

| 189 | 190 | 191 |

| 192 | 193 |

4. Pyrrol liefert mit Kaliumhydroxyd und Chloroform in einer normalen Reimer-Tiemann-Reaktion 2-Pyrrol-carboxaldehyd. Als Nebenprodukt entsteht 3-Chlorpyridin, wahrscheinlich über die Reaktionsfolge:

$CHCl_3 \rightarrow CCl_2$ (Diradikal)

$CCl_2 + Pyrrol \rightarrow Cyclopropan$-Zwischenstufe (192)

(192) $\rightarrow$ (193).

Bei der Reimer-Tiemann-Reaktion tritt 2-Dichlormethyl-pyrrol als Zwischenstufe auf.

2. Katalytische und chemische Reduktion

1. Die katalytische Hydrierung von Furanen ist eingehend untersucht worden. Besonders intensiv befaßte man sich mit dem Furfurol (194), aus dem die Produkte (195) bis (200) durch Anwendung selektiver Katalysatoren unter sorgfältig kontrollierten Bedingungen erhalten werden konnten.

2. Pyrrole werden, wenn auch schwierig, katalytisch hydriert, wobei sukzessive Δ^3-Pyrroline und Pyrrolidine entstehen [vgl. (201)$\rightarrow$(202)$\rightarrow$ (203)]. Auch chemisch werden Pyrrole nur relativ schwierig reduziert. So reduziert Natrium in Äthanol gewöhnlich nicht, während Zink in Essigsäure zu Δ^3-Pyrrolinen [vgl. (202)] führt.

3. Thiophen läßt sich reduzieren ($Na - NH_3 - MeOH$), wobei ein Gemisch aus Δ^2- und Δ^3-Dihydro-thiophen sowie durch Ringspaltung gebildeten Butenthiolen entsteht. Mit Raney-Nickel werden Thiophene, abweichend von der normalen katalytischen Reduktion, desulfuriert, bei gleichzeitiger Sättigung der Ring-Kohlenstoffatome. Beispielsweise entsteht aus der Verbindung (204) die n-Decansäure (205). Die Desulfurie-

rung mit Raney-Nickel wird synthetisch zum Aufbau langkettiger Verbindungen benützt.

204   205

3. Andere Reaktionen mit nucleophilen Reagentien

Thiophen und Furan werden durch Natriumalkyl-Verbindungen zu 2-Natrium-Derivaten metalliert. Diese Verbindungen geben mit Kohlendioxyd Salze der Thiophen- bzw. Furan-2-carbonsäure. 1-Substituierte Pyrrole lassen sich analog in 2-Stellung metallieren.

4. Radikalische Reaktionen

Thiophen und Furan werden durch alkalische Lösungen von Aryldiazonium-Salzen in 2-Aryl-Derivate umgewandelt. Pyrolyse von Thiophen gibt 2,2'- (206) und 3,3'-Dithienyl. Andere radikalische Reaktionen sind nur wenig bekannt und von geringer Bedeutung.

206   207

5. Diels-Alder-Reaktionen

Monocyclische Furane besitzen genügend Dien-Charakter (d.h. niedrige Resonanzenergie), um mit aktiven Dienophilen zu reagieren. Mit Maleinsäureanhydrid ergibt Furan z.B. (207). Auch bei Pyrrolen sind Beispiele für die Diels-Alder-Reaktion bekannt, während Thiophene nicht reagieren. Der Furan-Kern wird durch einen 2,3-Benzo-Ring stabilisiert, so daß Benzofurane die Diels-Alder-Reaktion ebenfalls nicht eingehen.

3,4-Benzo-Ringe üben einen stabilitätserniedrigenden Effekt aus, so daß Isobenzofurane, 3,4-Benzothiophene und Isoindole mit dienophilen Reagentien reagieren. Als Beispiel für solche Reaktionen mit Maleinsäureanhydrid sind die Reaktionen (208)→(209) und (210)→(211) angeführt.

208   209   210   211

IV. Reaktionen von Substituenten an aromatischen Kernen

1. Allgemeiner Überblick über die Reaktivität

Allgemein reagieren Substituenten an Furanen, Thiophenen und Pyrrolen ähnlich wie die an Benzol-Kernen, doch gibt es einige wichtige Unterschiede:

1. Einige unter scharfen Bedingungen verlaufende Reaktionen, die in der Benzol-Reihe eintreten, mißlingen, da die heterocyclischen Ringe gegen den Angriff durch elektrophile Reagentien empfindlicher sind (vgl. Abschnitt 4.III.A).

2. Amino- oder Hydroxyl-Gruppen, die direkt an den heterocyclischen Ring gebunden sind, existieren gewöhnlich weitgehend oder vollständig in einer alternativen nichtaromatischen tautomeren Form (vgl. Abschnitt 4.V.1), und ihre Reaktionen zeigen wenig Ähnlichkeit mit denen von Anilinen oder Phenolen.

3. Thienyl- und speziell Pyrryl- und Furyl-methylhalogenide sind reaktionsfähiger als Benzylhalogenide, da das Halogen durch Elektronenverschiebungen vom Typ

$$\overset{\frown}{Z} - CH = \overset{\frown}{CH} - CH_2 \overset{\frown}{-} Cl$$

labilisiert wird.

4. Hydroxymethyl- und Aminomethyl-Gruppen an heteroaromatischen Kernen sind in ähnlicher Weise wie die Chlormethyl-Derivate aktiviert, obwohl dieser Effekt weniger ausgeprägt ist (vgl. Abschnitt 4.IV.3.b).

2. Ankondensierte Benzolringe

Bei den meisten Reaktionen von Benzolringen spielt der Angriff durch elektrophile Reagentien eine Rolle. Da Thiophen, Pyrrol und Furan leichter angegriffen werden als Benzol, sollten Reaktionen von Verbindungen mit kondensierten Ringen an einer freien Position des heterocyclischen Rings bevorzugt vor Positionen des Benzolrings ablaufen. Dies trifft allgemein zu (Beispiele findet man in den Abschnitten 4.III.B.2 bis 8). Ist der heterocyclische Ring jedoch stark desaktiviert, so kann die Reaktion im Benzolring eintreten. Beispielsweise verlaufen die Bromierung (Br$_2$) von Benzofuran-2-carbonsäureäthylester (212) und die

212   213

Nitrierung ($KNO_3 - H_2SO_4$) von 3-Nitro-thionaphthen (213) wie in den Formeln angegeben.

Ist der heterocyclische Ring tetrasubstituiert, so kommt es leicht zu elektrophilen Substitutionsreaktionen im Benzo-Ring. Die Dibenzo-Verbindungen lassen sich als Diphenyl-Systeme auffassen, die zugleich ein Diphenyläther-, Diphenylamin- oder Diphenylsulfid-System enthalten. Auf der Grundlage der Benzolchemie wird man erwarten, daß die letzteren Systeme die Orientierung kontrollieren, und in der Tat erfolgen Reaktionen in Dibenzofuran, Carbazol und Dibenzothiophen gewöhnlich in *para*-Stellung zum Heteroatom (214), wobei 3-mono- und 3,6-disubstituierte Produkte entstehen. Beispiele sind:

1. Dibenzofuran [(214), Z=O]: Bromierung ($Br_2 - CS_2$), Sulfonierung ($ClSO_3H$) und Formylierung ($HCN - HCl - AlCl_3$).

2. Dibenzothiophen [(214), Z=S]: Nitrierung ($HNO_3 - AcOH$) und Bromierung ($Br_2 - CS_2$).

214   215

3. Carbazol [(214), Z=NH]: Acylierung ($RCOCl - AlCl_3$), Halogenierung ($SOCl_2$ oder $Br_2 - CS_2$) und Sulfonierung (H_2SO_4).

Dibenzofuran wird aus unbekannten Gründen durch $HNO_3 - AcOH$ sukzessive in 2- und 6-Stellung nitriert [vgl. (215)].

3. Alkyl- und substituierte Alkylgruppen

a) Alkylgruppen. Die Reaktivität von Alkylgruppen an heteroaromatischen Ringen ist ähnlich der von Alkylgruppen an Benzolringen. Wegen der hohen Reaktivität der heteroaromatischen Kerne beobachtet man nur wenige spezifische Alkylgruppen-Reaktionen. Alkylgruppen lassen sich zu Carboxylgruppen oxydieren, wenn der Kern durch elektronenanziehende Substituenten stabilisiert ist; (216) ergibt z.B. (217).

216   217

Wenn alle Kern-Kohlenstoffatome Substituenten tragen, werden Methylgruppen durch radikalische Halogenierungsmittel halogeniert.

b) Substituierte Alkylgruppen: Allgemeines. Wie in Abschnitt 4.IV.1 besprochen wurde, zeigen Halogenmethyl-, Hydroxymethyl- und Aminomethyl-Gruppen eine erhöhte Reaktionsfähigkeit gegen nucleophile

Reagentien. Man ersieht dies aus der Leichtigkeit, mit der Halogen-, Hydroxyl- oder Amino-Gruppen abgespalten werden (218). In einigen Fällen führen nucleophile Reagentien zu isomeren Produkten (S_N'-Reaktion) statt zu normalen Substitutionsprodukten, und zwar auf dem durch (219)→(221) beschriebenen Wege.

218 219 220 221

c) *Halogenmethyl-Gruppen.* Die Furfurylhalogenide [vgl. (222), Z = O] sind außerordentlich reaktionsfähig. Sie werden gewöhnlich nicht isoliert, sondern wegen ihrer geringen Stabilität als Zwischenprodukte in Lösung verwendet. Das Halogen läßt sich direkt durch Amino- oder Alkoxylgruppen ersetzen, während mit Kaliumcyanid das S_N'-Produkt (223) gebildet wird. 2-Brommethyl-5-methylthiophen [vgl. (222)] liefert mit Aminen normale Substitutionsprodukte, während es bei dem Versuch einer Umsetzung mit Kupfer(I)-cyanid zu (224) isomerisiert.

222 223 224

d) *Hydroxymethyl-Gruppen.* Furfurylalkohol (225) gibt mit Salzsäure Lävulinsäure (227) über die S_N'-Zwischenstufe (226). Die Überführung von 2-Furanacrylsäure (228) in einen Ester der γ-Oxopimelinsäure (229) durch alkoholische Salzsäure ist eine verwandte Reaktion, die über eine analoge Zwischenstufe (229a) verläuft. 2-Thienylcarbinol reagiert mit Halogenwasserstoff normal unter Bildung der 2-Thienylmethylhalogenide [vgl. (222), Z = S].

225 226 227

228 229 229a

e) *Aminomethyl-Gruppen.* Die leichte nucleophile Substituierbarkeit von Aminogruppen an Aminomethyl-Verbindungen ist bei synthetischen Arbeiten nützlich. Beispielsweise reagiert Gramin [(230), Y = NMe$_2$] mit verschiedenen Reagentien unter Bildung anderer Verbindungen vom Typ (230):

1. Kaliumcyanid liefert 3-Indolacetonitril, das sich zu Tryptamin [(230), Y = CH$_2$NH$_2$] reduzieren oder zu 3-Indolessigsäure [(230), Y = CO$_2$H] hydrolysieren läßt.

2. Diäthyl-acetamidomalonat gibt (231), das zu Tryptophan hydrolysiert werden kann.

3. Mit Nitroäthan erhält man [(230), Y = CHMeNO$_2$].

230   231

4. Carbonsäuren

Die heteroaromatischen Carbonsäuren zeigen die meisten Standardreaktionen der Benzoesäure. Sie lassen sich durch die üblichen Methoden in Amide, Ester, Hydrazide, Azide und Nitrile umwandeln. Thiophene bilden stabile und Furane instabile Säurechloride, während am Stickstoff unsubstituierte Pyrrole keine Säurechloride ergeben.

Furan- und Pyrrol-2- und -3-carbonsäuren decarboxylieren leicht beim Erhitzen auf ca. 200 °C. Thiophencarbonsäuren erfordern höhere Temperaturen oder einen Kupfer-Chinolin-Katalysator (vgl. Benzoesäure). Aus Furanen werden die α-Gruppen leichter abgespalten als β-Gruppen; so liefern sowohl (232) als auch (233) zunächst Furan-3-carbonsäure. Häufig tritt die Decarboxylierung während einer nucleophilen Substitution des Kerns ein: Thiophen-2-carbonsäure z.B. setzt sich mit Quecksilber(II)-acetat zu Tetra-acetoxymercuri-thiophen (234) um.

232   233   234   235

In der Pyrrol-Reihe werden Estergruppen in α-Stellung zum Stickstoff-Atom durch Alkali leichter hydrolysiert, während die in β-Stellung durch Säuren leichter hydrolysiert werden. So läßt sich in Verbindungen wie Diäthyl-2,4-dimethylpyrrol-3,5-dicarboxylat (235) jede der beiden Carbäthoxy-Gruppen selektiv hydrolysieren und, wenn gewünscht, anschließend durch Decarboxylierung abspalten.

5. Formyl- und Acylgruppen

1. Bei Reaktionen an der Formylgruppe verhalten sich Pyrrol-, Furan- und Thiophen-2- und -3-carboxaldehyde sehr ähnlich wie Benzaldehyd.

Der größte Unterschied findet sich beim Pyrrol-2-aldehyd, in welchem die Reaktivität der Carbonylgruppe durch Resonanz mit dem Ring herabgesetzt ist, so daß die Benzoin- und die Cannizzaro-Reaktion nicht eintreten.

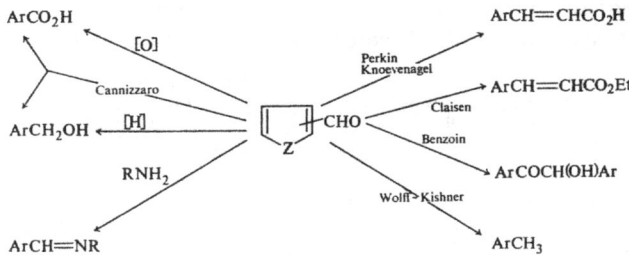

2. Auch Ketone reagieren ähnlich wie ihre Benzol-Analoga. Jedoch werden einige Acylgruppen während elektrophiler Substitutionsreaktionen leicht eliminiert, wie z. B. bei der Umwandlung von (236) in (237).

$$\underset{236}{\text{(Thiophen-Ac)}} \xrightarrow{\text{H}_2\text{SO}_4} \underset{237}{\text{(Thiophen-SO}_3\text{H)}}$$

6. Halogen

Kern-Halogenatome sind denen in Phenyl- und Vinylhalogeniden chemisch ähnlich und gehen gewöhnlich keine nucleophilen Substitutionsreaktionen ein. Indessen können sie durch einen anderen Substituenten für eine nucleophile Substitution aktiviert werden. Beispielsweise reagiert 5-Bromfuran-2-carbonsäuremethylester [(238), Y = Br] mit NaOMe unter Bildung von (238), (Y = OMe).

Durch katalytische oder chemische Reduktion werden Kern-Halogenatome durch Wasserstoff ersetzt:

1. 2,5-Dibromthiophen-3-sulfonsäure (239) gibt mit Na(Hg) – NaOH gie Verbindung (240). Dies ist ein Beispiel für eine praktische und alldemeine Methode zur Herstellung 3-substituierter Derivate.

2. Tetrajodpyrrol + Zn – NaOH → Pyrrol.

$$\underset{238}{\text{(Furan: Y, CO}_2\text{Me)}} \qquad \underset{239}{\text{(Thiophen: Br, Br, SO}_3\text{H)}} \rightarrow \underset{240}{\text{(Thiophen: SO}_3\text{H)}}$$

2-Bromthiophen bildet mit Magnesium das 2-Thienylmagnesiumbromid, welches normale Grignard-Reaktionen unter Bildung folgender Produkte eingeht:

1. 2-Thiophencarbonsäure mit CO_2.
2. 2-Thiophencarboxaldehyd mit $HC(OEt)_3$.
3. 2-Thienylcarbinol mit H_2CO.

2-Bromfuran benötigt zur Umwandlung in die Grignard-Verbindung eine aktivierte Kupfer-Magnesium-Legierung, während 2-Jodfuran mit Magnesium reagiert. Diese Grignard-Reagentien zeigen gleichfalls normale Reaktionen. Pyrrole bilden einen anderen Typ von Grignard-Verbindungen (vgl. Abschnitt 4.III.C.1.b).

7. Nitro-, Sulfonsäure- und Mercuri-Gruppen

1. 2- und 3-Nitrothiophene werden durch Zinn und Salzsäure zu 2- bzw. 3-Aminothiophen reduziert. Amino-pyrrole und -furane sind zu instabil und lassen sich daher nicht als solche aus dem entsprechenden Reaktionsgemisch isolieren. So liefert 2-Nitrobenzofuran (241) das Produkt (242).

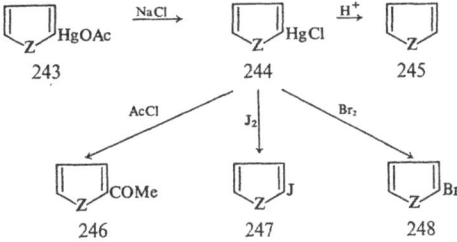

2. Thiophen-2-sulfonsäure ist eine starke Säure, ähnlich wie Benzolsulfonsäure. Sie bildet ein Sulfonylchlorid (mit $POCl_3$), das die typischen Reaktionen eingeht, z. B. mit Zink Reduktion zu Thiophen-2-sulfinsäure.

3. Mercuri-Derivate des Thiophens und Furans geben Reaktionen, die analog zu den in der Benzol-Reihe beobachteten sind, vgl. das Reaktionsschema [(243) bis (248), Z = S, O].

8. N-Substituenten an Pyrrolen

N-Alkyl-, N-Aryl- und N-Acyl-Gruppen in Pyrrolen wandern bei Pyrolyse in die 2-Stellung, wie in den Beispielen (249)→(250) und (251)→(252) gezeigt. N-Acylpyrrole werden sehr leicht hydrolysiert ($NaOH-H_2O$ bei 20 °C).

127

V. Reaktionen von Hydroxyl-, Amino- und verwandten Verbindungen

1. Überblick über die Reaktivität

a) Allgemeines. Hydroxyl-Derivate von Thiophen, Pyrrol und Furan [(253) und (256)] sind mit alternativen nichtaromatischen Carbonyl-Formen [(254), (255) und (257)] tautomer. Amino- und Mecapto-Derivate sind analog mit Iminen [z. B. (258) ⇌ (259)] bzw. Thionen [(260) ⇌ (261)] tautomer. In den „enolischen" Formen (253) oder (256) sollte die Reaktionsfähigkeit dieser Verbindungen gegen elektrophile Reagentien noch größer als die der Stamm-Heterocyclen sein. Aus diesem Grunde ist es nicht überraschend, daß die monocyclischen Hydroxy- und Amino-thiophene, -pyrrole und -furane schwer darstellbar, sehr instabil und kaum bekannt sind. Die meisten Beispiele in diesem Abschnitt befassen sich mit den leichter zugänglichen Benzoderivaten.

b) Tautomerie monocyclischer Verbindungen. Die Anteile der beiden Tautomeren im Gleichgewicht hängen von der relativen Stabilität der beiden Formen ab. Die Enol-Formen (253) oder (256) besitzen die aromatische Resonanzenergie des Rings. Die Carbonyl-Formen (254) und (255) besitzen die Resonanzenergie von Thioester-, Amid- oder Ester-Gruppen [vgl. (262) ↔ (263)], während Carbonyl-Formen vom Typ (257) die Resonanzenergie einer vinylogen Thioester-, Amid- oder Ester-Gruppe besitzen [vgl. (264) ↔ (265)].

Physikalische Beweise (Spektren, vgl. Abschnitt 7.6) zeigen, daß die α-Hydroxyfurane nahezu ausschließlich als ungesättigte γ-Lactone [(254) und (255), Z = O] vorliegen. Sowohl α,β- [(254), Z = O] als auch β,γ-ungesättigte Lactone [(255), Z = O] sind bekannt; sie werden z. B. durch NEt$_3$ in ein Gleichgewichtsgemisch verwandelt, das hauptsächlich das erstere Isomere enthält. β-Hydroxyfurane existieren im Gleichgewicht offenbar in vergleichbaren Mengen der beiden Isomeren [z. B. (266) ⇌ (267)]. Elektronenanziehende Gruppen und Wasserstoff-Brückenbindungen können die Hydroxy-Form stabilisieren, wie z. B. in (268).

266   267   268

Neuere spektroskopische Untersuchungen (hauptsächlich IR und NMR) haben für die entsprechenden Pyrrole und Thiophene ein ähnliches Bild ergeben. Die α-Hydroxy-Derivate liegen als Gemische der beiden Carbonyl-Formen (254) und (255) vor, während die β-Hydroxy-Verbindungen aus Gleichgewichtsgemischen der Hydroxy- (256) und der Carbonyl-Form (257) bestehen.

c) Tautomerie von Benzoderivaten. Die alternativen Formen der Monohydroxy-monobenzo-Verbindungen sind in den Formeln (269) bis (274) angegeben. Die aromatische Resonanzenergie in 3,4-Benzoderivaten vom Typ (273) übersteigt nicht die des Benzols (vgl. Abschnitt 4.III.A.b). Infolgedessen liegen sie vollständig in der Form (274) vor. In den Verbindungen (269) und (271) ist die auf den ankondensierten heterocyclischen Ring zurückzuführende zusätzliche Resonanzenergie für beide Typen beträchtlich, während die Konjugation zwischen dem Heteroatom und der Carbonylgruppe im β-Derivat (272) schwächer ist als im α-Derivat (270). Potentielle α-Hydroxy-Verbindungen vom Typ (269) existieren sehr weitgehend in der Carbonyl-Form (270), während die β-Derivate (271) in beiden Formen (271) und (272) nebeneinander vorliegen.

269   270   273   274

271   272

d) Gegenseitige Umwandlung und Reaktivität tautomerer Formen. Die gegenseitige Umwandlung der Hydroxyl- und Carbonyl-Formen dieser Heterocyclen verläuft über ein Anion [wie (276)] oder ein Kation [wie (279)], ähnlich wie die Enol- (277) und Keto-Form (282) von Aceton über die Ionen (278) oder (281) ineinander umgewandelt werden. Die Reaktionen der verschiedenen von den heterocyclischen Verbindungen abgeleiteten Species sind den Reaktionen der entsprechenden Aceton-Species analog: Die Hydroxyl-Formen reagieren mit elektrophilen (283) und die Carbonyl-Formen mit nucleophilen Reagentien (284). Außerdem können beide Formen ein Proton verlieren [(285), (286)], wobei ein Anion entsteht, das sehr leicht mit elektrophilen Reagentien entweder am Sauerstoff (287) oder am Kohlenstoff (288) reagiert.

Außerdem ist es praktisch, in diesem Abschnitt die Reaktionen von Verbindungen des Typs (289) bis (292) zu behandeln. Verbindungen vom Typ (289) und (290) besitzen eine formale Strukturähnlichkeit mit Chinonen, aber in ihren Eigenschaften zeigen sie kaum eine Analogie. Dies ist im Hinblick auf die Unähnlichkeit von Dihydroxy-benzol- und dihydroxy-heterocyclischen Verbindungen auch zu erwarten.

2. Reaktionen mit elektrophilen Reagentien

a) Hydroxyverbindungen. Elektrophile Substitutionsreaktionen bei kleinen pH-Werten laufen vermutlich über die Hydroxyl-Form:

1. Die Nitrosierung ($NaNO_2 - H_2O - HCl$), die tautomere Produkte ergibt [z.B. (295)→(294)⇌(293), Z=NH, O, S].

2. Die Kupplung mit Diazoniumsalzen [(295)→(296)].

3. Die Oxidation. Indoxyl und Thioindoxyl [(295), Z=NH, S] werden z.B. durch $K_3Fe(CN)_6$ zu Indigo (297) und Thioindigo oxidiert, möglicherweise über die Dimerisierung radikalischer Zwischenstufen.

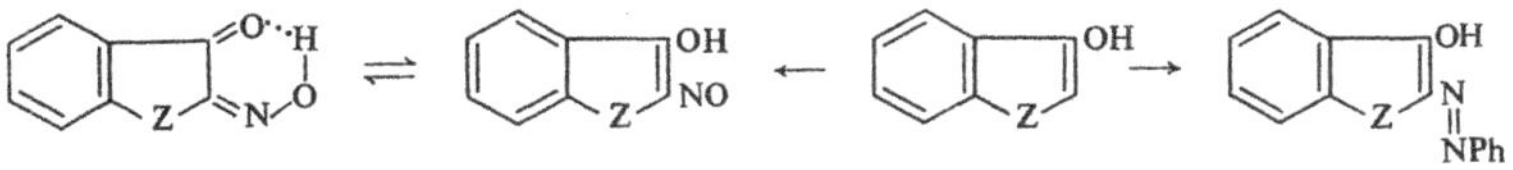

293   294   295   296

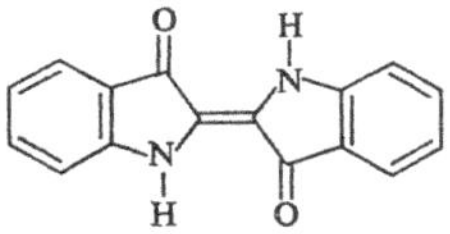

297

b) Anionen. Diese heterocyclischen Anionen geben zahlreiche Reaktionen, die denen des Aceton-Enolatanions ähnlich sind.

1. Claisen-Kondensation mit Estern [(298)→(299)].

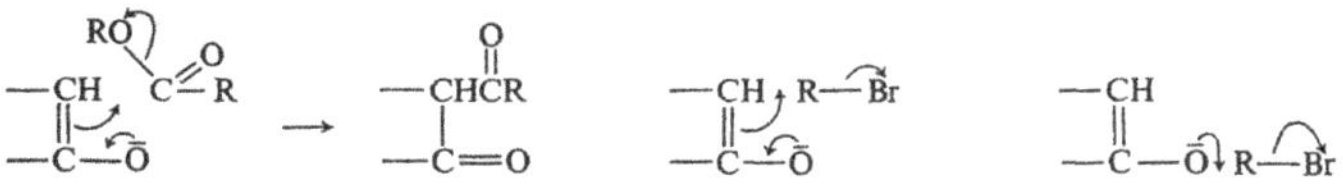

298   299   300   301

2. Kohlenstoff- oder Sauerstoff-Alkylierung durch Alkylhalogenide [(300), (301)]. Die Alkylierung von Indoxyl [(303), $Z = NH$] liefert, wie angegeben, (302) oder (304).

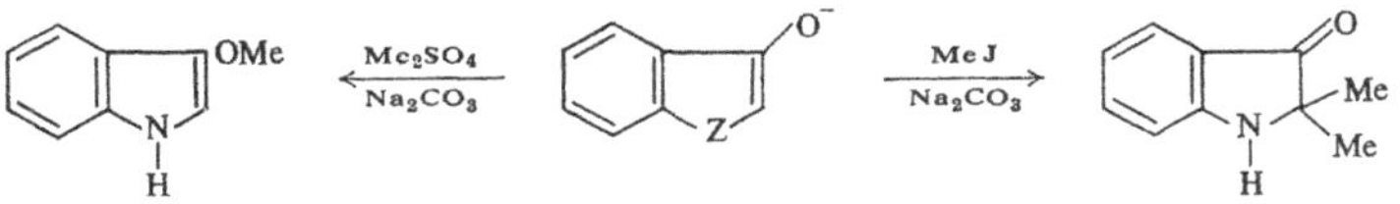

302   303   304

3. Die Aldolkondensation mit Aldehyden und Ketonen führt zu Hydroxyverbindungen [(305)→(307)], die gewöhnlich spontan Wasser abspalten (in einer umgekehrten Michael-Addition) und ungesättigte Verbindungen (308) ergeben. Die von Oxindol [(309), $Z = NH$] und Indoxyl [(303), $Z = NH$] abgeleiteten Anionen reagieren in dieser Weise mit Isatin (310) unter Bildung von Isoindigo (311) und Indirubin (312).

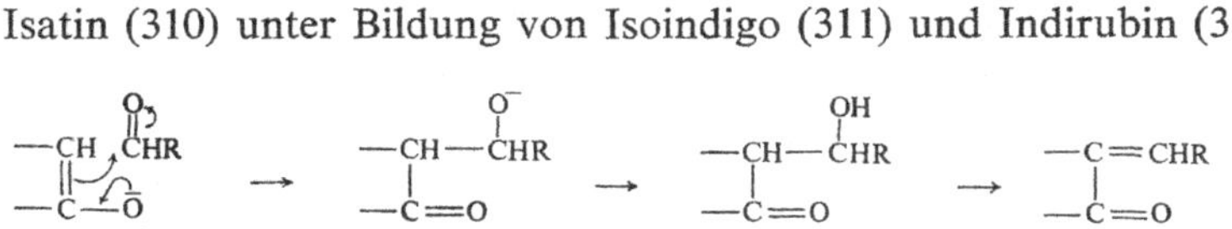

305   306   307   308

309   310

311   312

3. Reaktionen von Carbonyl-Verbindungen mit nucleophilen Reagentien

Nucleophile Reagentien greifen das Carbonyl-Kohlenstoffatom an. Der anschließende Verlauf dieser Reaktion ist analog wie in der aliphatischen Chemie. Ist die Carbonyl-Gruppe dem Heteroatom benachbart, so wird gewöhnlich der Ring geöffnet [(313)→(315)]. Sind die beiden Gruppen nicht benachbart, so resultiert eine Carbonyl-Additionsverbindung [(316)→(318)], die häufig spontan Wasser abspaltet unter Bildung von (319). Die Reaktionen von Carbonyl-Gruppen beider Typen werden anschließend besprochen.

313   314   315

316   317   318   319

a) Carbonyl-Gruppen in Nachbarschaft zum Heteroatom. Die Ringöffnung durch nucleophile Reagentien erfordert, daß die Gruppe Z eine negative Ladung erhält; wie leicht dies möglich ist, hängt von der Art des Heteroatoms (S > O ≫ NH) und vom Ringtyp ab [z. B. (320) > (321) > (322)].

1. Bernsteinsäure-, Maleinsäure- und Phthalsäureanhydrid und -imid [(320), (323), (324), Z = O, NH] verhalten sich ähnlich wie acyclische Säureanhydride und -imide.

2. Die Ringöffnung von Phthalimiden [(324), Z = NR] durch Hydrazin, die eine primäre Aminoverbindung und 1,4-Phthalazindion (325) ergibt (Ing-Manske-Reaktion), ist bei der modifizierten Gabriel-Synthese von Bedeutung.

3. 2-Cumaranon[(321), Z = O], sein S-Analogon [(321), Z = S], sowie die Dione [(326), Z = O, S] reagieren mit Hydroxyd- und Alkoxyd-Ionen reversibel unter Bildung von Salzen [wie (327)] und Estern [wie (328)] der ringgeöffneten Säure.

320   321   322   323

324   325

326   327   328

4. Die entsprechenden Reaktionen mit Oxindol [(321), Z = NH] verlaufen sehr viel schwieriger, während im Falle des Isatins [(326), Z = NH]
die zweite Carbonylgruppe die Ringöffnung erleichtert. Beispielsweise
liefert die Behandlung von (326) mit Natriumhydroxyd Natriumisatinat
(vgl. die Pfitzinger-Reaktion, Abschnitt 2.II.C.1.a).

b) Carbonyl-Gruppen nicht in Nachbarschaft zum Heteroatom. Carbonyl-Gruppen, die nicht mit dem Heteroatom verbunden sind, sind weniger resonanzstabilisiert (vgl. Abschnitt 4.V.1) und reagieren mit den
relativ schwach nucleophilen „Keton-Reagentien". Sind Carbonyl-
Gruppen beider Typen vorhanden, wie in (329, Z = O, NH), so wird
bevorzugt die dem Heteroatom nicht benachbarte Carbonyl-Gruppe angegriffen. Beispielsweise reagieren Isatin und Indoxyl und ihre O- und
S-Analoga [(329), (331)] mit Hydroxylamin, Phenylhydrazin usw. unter
Bildung von Oximen, Phenylhydrazonen usw. [(329)→(330); (331)→
(332)].

329   330   331   332

Die reaktive 3-Carbonyl-Gruppe in Verbindungen vom Typ (329)
geht mit aktiven Methylen-Verbindungen Aldol-Kondensationen ein.
Derartige Reaktionen mit Indoxyl, Oxindol und Dioxindol wurden in
Abschnitt 4.V.2.b erwähnt. Die Reaktion von Isatin mit Thiophenen
(vgl. Abschnitt 4.III.B.7.b) ist ähnlich.

4. Reduktion von Carbonyl- und Hydroxyl-Verbindungen

In cyclischen Anhydriden und Iminen wird gewöhnlich eine Carbonyl-
Gruppe leicht reduziert. So liefern Phthalsäureanhydrid Phthalid

[(333)→(334)] und Phthalimide Phthalamide [(335)→(336)]. Indoxyl und seine O- und S-Analoga kann man mit Zn−HOAc zu Indol usw. reduzieren.

333   334   335   336

5. Reaktionen an anderen Ringpositionen

Kohlenstoff-Kohlenstoff-Doppelbindungen lassen sich zu Carbonyl-Gruppen oxydieren. Beispielsweise geben Indigo und Thioindigo [(337), $Z=NH$, S] Isatin und Thioisatin (329) (mit verdünnter $HNO_3−H_2O$, CrO_3, $KMnO_4$, O_3).

Kohlenstoff-Kohlenstoff-Doppelbindungen lassen sich reduzieren: Beispielsweise liefert Indigo [(337), $Z=NH$] Indigweiß [(338) ⇌ (339)] (mit $Fe^{2+}−OH^-$; $Zn−H^+$); Thioindigo reagiert analog.

337   338   339

340   341   342

Ring-Iminogruppen lassen sich alkylieren und acylieren. So gibt Isatin mit Essigsäureanhydrid das Acetylderivat (340) und durch Methylierung des Kalium- oder Natriumsalzes N-Methyl-isatin (341). Methylierung des Silbersalzes liefert O-Methyl-isatin (342).

Ankondensierte Benzolringe können elektrophile Substitutionsreaktionen eingehen. Isatin [(329), $Z=NH$] und Oxindol [(321), $Z=NH$] werden in *ortho*- und *para*-Stellung zum Stickstoff-Atom unter milden Bedingungen nitriert, halogeniert und sulfoniert. Indigo [(337), $Z=NH$] reagiert analog mit der Ausnahme, daß die Nitrierung wegen gleichzeitiger Oxydation mißlingt.

6. Amino- und Iminoverbindungen

Freie Aminoverbindungen sind oft sehr instabil und zersetzen sich rasch. Potentiell tautomere Verbindungen reagieren sowohl in der Amino-

(343) als auch in der Imino-Form (344), aber physikalische Beweise, soweit verfügbar, zeigen, daß die Amino-Form vorherrscht.

Aminoverbindungen lassen sich in Diazoniumsalze umwandeln, die Kupplungsprodukte [z.B. (345) und (346)] liefern. Substitutionsreaktionen vom Sandmeyer-Typ mißlingen häufig. Die Diazotierung von Pyrrolen mit einer freien NH-Gruppe liefert die Diazoanhydride vom Typ (347). Die Acylierung von Aminoverbindungen ergibt stabilisierte Acylamino-Derivate [z.B. (348)].

VI. Reaktionen anderer nichtaromatischer Verbindungen

Ehe wir uns den Dihydro- und Tetrahydro-Derivaten der Stamm-Ringsysteme zuwenden, sollen zwei spezielle Verbindungsklassen betrachtet werden. Sowohl die Pyrrolenine als auch die Thiophensulfone enthalten zwei Doppelbindungen im heterocyclischen Ring, doch schließt in beiden Fällen die Konjugation nicht alle Ringatome ein.

1. Pyrrolenine und Indolenine

Die Chemie der Indolenine [z.B. (349) und (353)] ist besser bekannt als die der Pyrrolenine, weshalb sie als Quelle für die hier angegebenen Beispiele dient. Indessen gilt die Diskussion auch für die Pyrrolenine [(355) und (356)].

355   356

Die Indolenine sind sehr viel stärkere Basen als Indole; bei einer Tautomerie zwischen einem Indolenin und einem Indol ist daher das Indol stark begünstigt (vgl. Abschnitt 7.4). Indolenine bilden stabile Hydrochloride und quartäre Salze [z.B. (350)]. Die letzteren geben bei der Behandlung mit Alkali Anhydro-Derivate (351).

Bei langdauernder Einwirkung von Säure auf ein in 2-Stellung unsubstituiertes Indolenin [z.B. (353)] entstehen Indole [(353)→(354)] (Plancher-Umlagerung). Indolenine lassen sich zu Indolinen reduzieren [(353)→(352)].

2. Thiophensulfone

Thiophensulfone haben keinen aromatischen Charakter. Sie verhalten sich wie Diene und zeigen ferner die Reaktionen von Verbindungen mit einer C=C-Bindung in Konjugation zu einer elektronenanziehenden Gruppe. Thiophensulfon selbst ist sehr instabil, doch erhöhen Alkyl- und Aryl-Gruppen sowie ankondensierte Benzolringe die Stabilität der Substanz.

Thiophensulfone gehen Diels-Alder-Reaktionen ein, auf die die spontane Abspaltung von Schwefeldioxid aus dem Produkt folgt. Thiophensulfon (357) ergibt z.B. (358). Reduktionsmittel (z.B. Zn−HCl) wandeln die Sulfone in Thiophene um. Dies steht in scharfem Kontrast zu der Resistenz normaler Sulfone gegen eine Reduktion.

Kürzlich gelang es, die 1,1-Dimethylindolium-Salze (360) durch Dehydratisierung von (359) darzustellen. Sie sind instabil und verlieren leicht eine Methylgruppe.

357   358   359   360

3. Dihydro-Verbindungen

Es muß zwei Typen von Dihydrofuranen und -thiophenen geben [vgl. (361) und (362)], und von beiden sind auch Beispiele bekannt. Am Stickstoff unsubstituierte Δ^2-Pyrroline [(362), Z=NH] tautomerisieren spontan zu den Δ^1-Verbindungen (363).

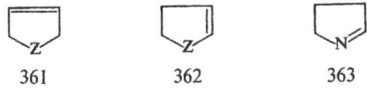

361   362   363

Diese Dihydro-Verbindungen werden gewöhnlich leicht aromatisiert. Die folgenden Reaktionen sind Beispiele für einige der möglichen Wege:

1. Dehydrierung; Indolin [(364), Z = NH] + Chloranil → Indol.

2. Retro-Diels-Alder-Reaktion unter Abspaltung von Äthylen; (365) liefert bei Pyrolyse 3,4-Furandicarbonsäure-diäthylester.

3. Abspaltung von Essigsäure; (366) → 2-Nitrofuran.

4. Disproportionierung; Δ^3-Pyrrolin gibt beim Erhitzen über Platin Pyrrol + Pyrrolidin.

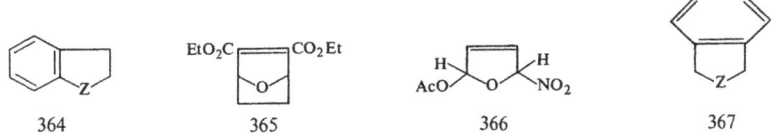

364   365   366   367

In ihren anderen Reaktionen ähneln diese Verbindungen ihren aliphatischen Analoga. Wenn Z = NH ist, verhält sich (362) wie ein Vinylamin, (361) wie ein Allylamin, (367) wie ein Benzylamin, (364) wie ein aromatisches Amin und (363) wie eine Schiffsche Base. Ähnliche Vergleiche lassen sich ziehen, wenn Z Sauerstoff oder Schwefel ist: (364, Z = O) ist ein aromatischer Äther; (367, Z = O) ist ein Äther vom Dibenzyläther-Typ; (364, Z = S) ist ein aromatisches Sulfid.

4. Tetrahydro-Verbindungen

Tetrahydrofurane, Tetrahydrothiophene und Pyrrolidine sind cyclische Äther, Sulfide bzw. Amine. Ihre Reaktionen lassen sich im allgemeinen leicht aus der Kenntnis der aliphatischen Chemie ableiten.

Kapitel 5

Fünfgliedrige Ringe mit zwei oder mehr Heteroatomen

I. Nomenklatur und wichtige Verbindungen

1. Monocyclische Verbindungen, die nur Ring-Stickstoffatome enthalten

Die Struktur und die Namen der fünfgliedrigen Ringe mit zwei oder mehr Stickstoff-Atomen sind in den Formeln (1) bis (6) angegeben. Bei unsymmetrisch substituierten Pyrazolen und Imidazolen sind zwei aromatische tautomere Formen möglich [z. B. (7) ⇌ (8)]. Bei 1,2,3- und 1,2,4-Triazolen und bei Tetrazolen sind zwei oder im Falle unsymmetrisch substituierter Verbindungen drei tautomere Formen möglich (vgl. Abschnitt 5.III.A.2).

1	2	3	4
Pyrazol	Imidazol	1,2,3-Triazol	1,2,4-Triazol

5	6	7	8
Tetrazol	Pentazol		

Einige Pyrazole werden pharmazeutisch angewandt, z. B. Antipyrin (9).

Zahlreiche Imidazole sind biologisch wichtig:

1. Histidin [(10), $Y = CO_2H$] ist eine wichtige Aminosäure.

2. Histamin [(10), $Y = H$] kommt im Mutterkorn und in verwestem Protein vor.

3. Allantoin (11) ist bei einigen Tierarten das Endprodukt des Stickstoff-Metabolismus.

4. Pilocarpin (12) ist ein Beispiel für die Imidazol-Alkaloide.

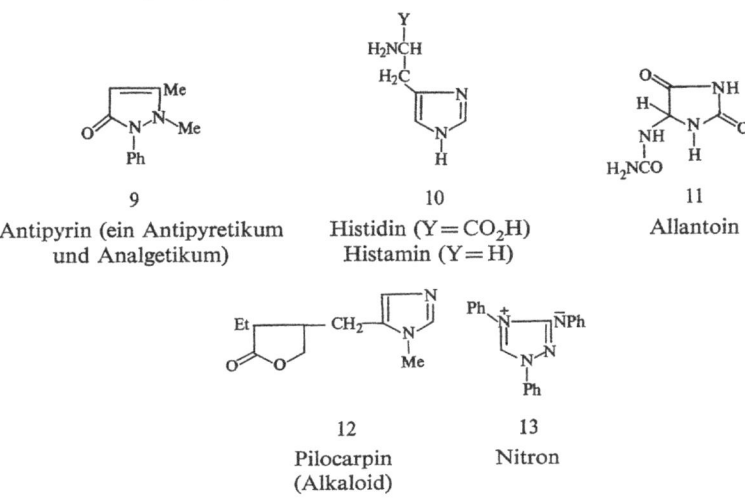

9	10	11
Antipyrin (ein Antipyretikum und Analgetikum)	Histidin (Y = CO₂H) Histamin (Y = H)	Allantoin

9
Antipyrin (ein Antipyretikum
und Analgetikum)

10
Histidin (Y$=$CO$_2$H)
Histamin (Y$=$H)

11
Allantoin

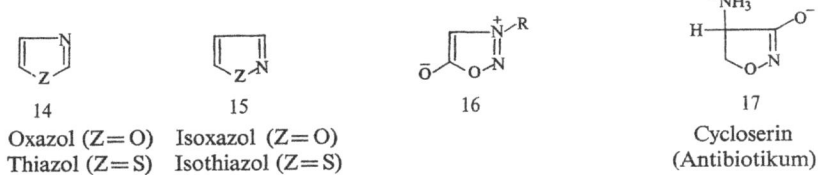

12
Pilocarpin
(Alkaloid)

13
Nitron

Nitron (13), ein Triazolium-Betain, bildet ein unlösliches Nitrat, da analytisch angewandt wird.

2. Monocyclische Verbindungen, die Stickstoff- und Sauerstoff- oder Schwefelatome im Ring enthalten

Die Verbindungen mit den Heteroatomen in 1,3-Stellung werden Oxazol und Thiazol genannt [(14), Z$=$O, S]. Für die 1,2-Isomeren [(15), Z$=$O, S] benützt man die Namen Isoxazol und Isothiazol. Je vier Oxadiazole und Thiadiazole sind möglich, nämlich die 1,2,3-, 1,2,4-, 1,2,5- und 1,3,4-Isomeren. Oxadiazolium-Betaine vom Typ (16) heißen Sydnone, und 1,2,4-Oxadiazole, 1,2,5-Oxadiazole bzw. 1,2,5-Oxadiazol-2-oxyde werden häufig als Azoxime, Furazane bzw. Furoxane bezeichnet.

14
Oxazol (Z$=$O)
Thiazol (Z$=$S)

15
Isoxazol (Z$=$O)
Isothiazol (Z$=$S)

16

17
Cycloserin
(Antibiotikum)

Zu den wichtigen Verbindungen gehören:

1. Cycloserin (17), eines der wenigen natürlich vorkommenden Isoxazol-Derivate.

2. Vitamin B_1 oder Thiamin [(18), Y = H] und Penicillin (vgl. Abschnitt 6.II.A.1), bei denen es sich um wichtige natürlich vorkommende Thiazol- und Thiazolidin-Derivate handelt. Thiamin-pyrophosphat [(18), Y = $P_2O_6H_3$] ist das Coenzym Cocarboxylase.

3. Sulfathiazol (19).

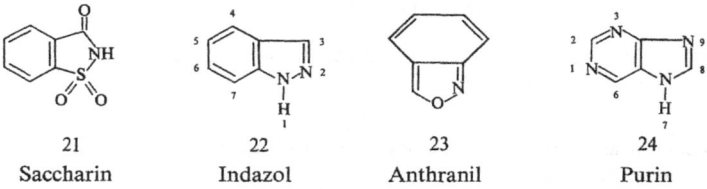

18	19	20
Vitamin B_1 (Y = H)	Sulfathiazol	
Cocarboxylase (Y = $P_2O_6H_3$)	(Bakteriozid)	

3. Polycyclische Derivate

2-Benzothiazol-thion, das gewöhnlich 2-Mercapto-benzothiazol genannt wird (20), dient als Beschleuniger bei der Kautschuk-Vulkanisation. Saccharin (21) ist ein Süßstoff. Indazol ist der Trivialname für den Benzopyrazol-Kern (22), Anthranil der Trivialname für (23).

21	22	23	24
Saccharin	Indazol	Anthranil	Purin

Der kondensierte Pyrimidin-Imidazol-Kern (24) wird Purin genannt. Purine kommen in der Natur in weiter Verbreitung vor.

1. Harnsäure (25) ist bei vielen Tierarten das Endprodukt des Stickstoff-Stoffwechsels.

2. Caffein (Coffein) [(26), R = R' = Me], Theobromin [(26), R = H, R' = Me] und Theophyllin [(26), R = Me, R' = H] sind die wirksamen Alkaloide in Kaffee, Kakao und Tee.

3. Adenin (27) und Guanin [(28), Y = NH_2] kommen in allen Nucleinsäuren (vgl. Abschnitt 3.I.1.a) in Form der Nucleotide vor. In den Nucleotiden ist ein Zuckerphosphat-Rest in 9-Stellung an diese Basen

25	26	27	28
Harnsäure		Adenin	Guanin

gebunden. Adenosin-mono-, -di- und -triphosphat [AMP, ADP, ATP; (29), Y = H, PO_3H_2, $P_2O_6H_3$] sind biologisch wichtige Nucleotide.

II. Ringsynthesen

Die Ringsynthesen werden nach der Zahl der Heteroatome im Ring und nach ihrer Stellung klassifiziert. Nacheinander werden Methoden zur Synthese von Verbindungen mit Heteroatomen in 1,2- (30), 1,3- (31), 1,2,3- (32), 1,2,4- (33), 1,2,3,4- (34) und 1,2,3,4,5-Stellung (35) besprochen.

A. Heteroatome in 1,2-Stellung

1. Monocyclische Verbindungen

1. Die Standard-Synthesen für Pyrazole (36) und Isoxazole (38) bestehen in der Reaktion von β-Dicarbonylverbindungen (37) mit Hydrazinen bzw. Hydroxylamin. Diese Umsetzungen verlaufen unter milden Bedingungen und besitzen eine breite Anwendbarkeit. Als Substituent Y können H, R, Ar, CN, CO_2Et usw. auftreten.

2. Pyrazolone und Isoxazolone* werden aus β-Ketoestern und Hydrazin oder Hydroxylamin durch ähnliche Reaktionen wie unter 1. dargestellt [(39)→(40)].

3. α,β-Ungesättigte Ketone bilden Pyrazoline und Isoxazoline [(41)→(42)]. Die intermediär gebildeten Hydrazone bzw. Oxime werden in diesen Fällen häufig isoliert.

---

* Die Tautomerie dieser Verbindungen wird in Abschnitt 5.IV.4 besprochen.

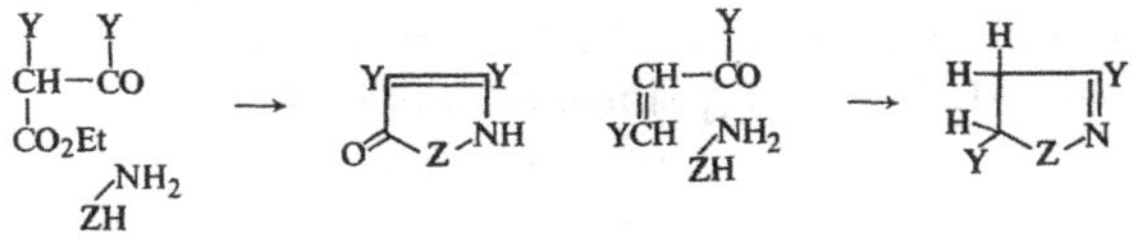

39   40   41   42

4. Tetrahydro-Verbindungen lassen sich aus 1,3-Dibromiden und N_2H_4, NH_2OH, S_2^{2-} usw. erhalten.

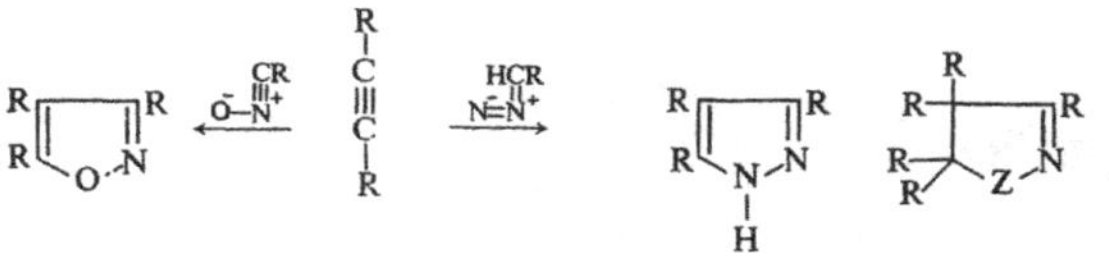

43   44   45   46

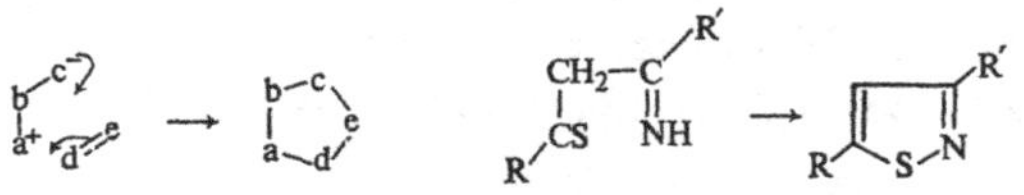

47   48   49   50

5. Acetylene addieren Nitriloxyde und Diazoalkane unter Bildung von Isoxazolen [(44)→(43)] bzw. Pyrazolen [(44)→(45)]. Verwendet man anstelle des Acetylens ein Olefin, so entstehen die nichtaromatischen Analoga [(46), Z = NH, O]. Die Ausbeuten sind am besten, wenn das Olefin einen elektronenanziehenden Substituenten trägt. Es handelt sich hierbei um Beispiele für die sogenannte „1,3-dipolare Addition". Die Reaktion ist in verallgemeinerter Form durch die Formeln (47)→(48) dargestellt. Zahlreiche Azolderivate lassen sich durch Reaktionen dieses Typs darstellen.

6. Isothiazole (50) lassen sich durch Cyclisierung von β-Thioxoiminen (49) erhalten.

2. Benzoderivate

1. Indazole (51) entstehen durch spontane Cyclisierung von o-Acylphenylhydrazinen [(52), Z = NH]. Gewisse o -Toluoldiazonium-Salze cyclisieren spontan zu Indazolen, doch erhält man nur dann gute Ausbeuten, wenn die Methylgruppe durch eine elektronenanziehende Gruppe in ortho- oder para-Stellung aktiviert ist [(54)→(55), möglicherweise über (56)].

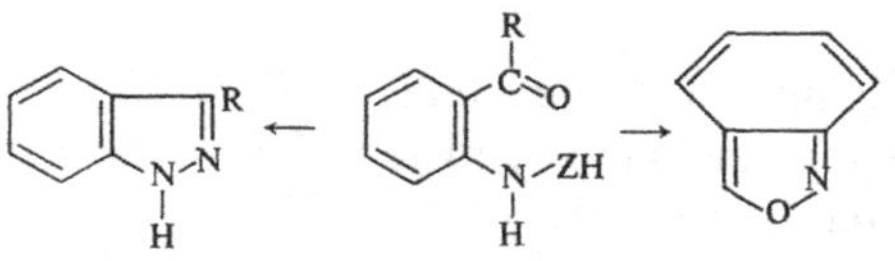

51   52   53

2. Anthranile (53) bilden sich aus *o*-Acyl-phenylhydroxylaminen [(52), Z=O] durch eine Cyclisierung, die der in 1. genannten analog ist.

3. Benzisothiazole (58) lassen sich aus Sulfenylchloriden (57) darstellen.

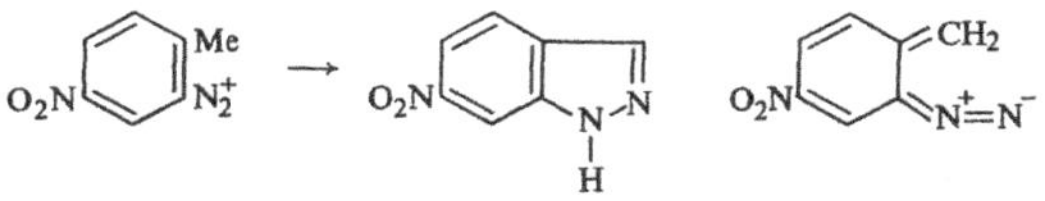

54   55   56

57   58   59   60

4. Saccharine lassen sich durch $KMnO_4$-Oxydation von *o*-Methylbenzolsulfonamiden [(59)→(60)] erhalten.

B. Heteroatome in 1,3-Stellung

1. Oxazole, Thiazole und Imidazole

1. α-Halogenketone reagieren mit Amiden (100 °C, kein Lösungsmittel), Thioamiden (Kochen unter Rückfluß in EtOH) und Amidinen unter Bildung von Oxazolen, Thiazolen bzw. Imidazolen [(61)→(62), Z=O, S, NH]. Diese Reaktion stellt die wichtigste Thiazol-Synthese dar, wobei sich sowohl die Thioamid- als auch die Halogenketon-Komponente in weiten Grenzen variieren läßt.

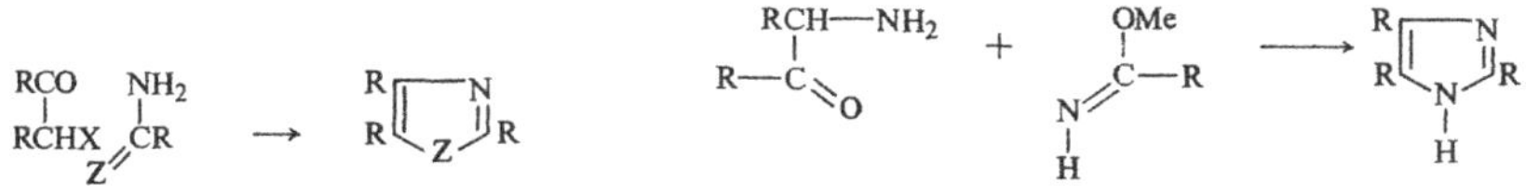

61   62   63   64

2. α-Aminoketone (63) setzen sich mit Iminoestern zu Imidazolen um [(63)→(64)].

3. Oxazole und Thiazole lassen sich durch Cyclisierung von α-Acylaminoketonen gewinnen: (65)+H_2SO_4→(66, Z=O); (65)+P_2S_5→ (66, Z=S).

Durch eine analoge Reaktion kann man Dithioliumsalze (68) aus α-Dithioacyl-ketonen (67) herstellen.

$$\underset{65}{\begin{array}{c} RCH\!-\!NH \\ | \quad\quad | \\ RCO \quad COR \end{array}} \rightarrow \underset{66}{\left[\begin{array}{c} R \\ R \end{array}\!\!\underset{Z}{\diagup}\!\!N\atop R\right]} \quad\quad \underset{67}{\begin{array}{c} CH_2\!-\!S \\ | \quad\quad | \\ R\!-\!C\diagdown_{O}\quad S\diagdown^{C}\!-\!R \end{array}} \quad \overset{H^+}{\rightarrow} \quad \underset{68}{\left[\begin{array}{c} R \\ R \end{array}\!\!\underset{S}{\diagup}\!\!\overset{S^+}{\diagdown}\!\!R\right]}$$

2. Andere monocyclische Derivate

1. β-Hydroxy-, β-Amino- und β-Mercapto-acylamine [(69), Z=O, NH, S] cyclisieren unter Bildung von Δ^2-Oxazolinen, Δ^2-Imidazolinen bzw. Δ^2-Thiazolinen (70).

2. 1,2-Difunktionelle Äthane [(72), Z, Z'=O, S, NH] reagieren mit Phosgen oder Kohlensäureestern unter Bildung von 2-Oxazolidinonen und analogen Derivaten [(72)→(71)].

3. 1,2-Difunktionelle Äthane [(72), Z, Z'=O, S, NH] setzen sich mit Aldehyden und Ketonen zu Oxazolidinen und dergleichen [(72)→(73)] um. Solche Reaktionen werden häufig zum Schutz von cis-Hydroxyl-Gruppen (z.B. Zucker + Aceton → Isopropylidenzucker) und Carbonyl-Gruppen (z. B. Steroidketone + Äthylenglycol → Äthylenketale) verwendet.

4. α-Acylamino-carbonsäuren lassen sich durch Säureanhydride in 5-(4H)-Oxazolinone verwandeln [(74)→(75)]. Eine Erweiterung dieser Reaktion stellt die Erlenmeyer-Synthese von Aminosäuren dar, bei der N-Acyl-Derivate des Glycins [(74), R=H] mit Aldehyden unter gleichzeitiger Cyclisierung zu Azlactonen reagieren [(74)→(75)→(76)].

$$\underset{69}{\begin{array}{c} CH_2NH \\ | \quad\diagdown COR \\ CH_2ZH \end{array}} \quad \underset{70}{\left[\begin{array}{c} N \\ Z \end{array}\!\!R\right]} \quad \underset{71}{\left[\begin{array}{c} Z' \\ Z\diagdown_{O} \end{array}\right]} \overset{\leftarrow COCl_2\,oder}{_{CO(OEt)_2}} \underset{72}{\begin{array}{c} CH_2Z'H \\ | \\ CH_2ZH \end{array}} \overset{O=CR_2}{\rightarrow} \underset{73}{\left[\begin{array}{c} Z' \\ Z\diagdown^{R}_{R} \end{array}\right]}$$

$$\underset{74}{\begin{array}{c} R_2C\!-\!NH \\ | \quad\quad | \\ HO_2C \quad COR \end{array}} \rightarrow \underset{75}{\begin{array}{c} R\!-\!\overset{R}{|}\!-\!N \\ O\diagdown_{O}\diagup R \end{array}} \rightarrow \underset{76}{\begin{array}{c} H \\ R\overset{|}{C}\diagdown\!\!\diagup N \\ O\diagdown_{O}\diagup R \end{array}}$$

3. Benzoderivate

1. o-Hydroxy-, o-Mercapto- und o-Amino-anilide [(78), Z=O, S, NH] cyclisieren unter milden Bedingungen (z.B. Erhitzen auf 150 °C oder Kochen mit H_2O-HCl unter Rückfluß) zu Benzoxazolen, Benzothiazolen bzw. Benzimidazolen [(79), Z=O, S, NH]. Die Anilide werden häufig in situ hergestellt und cyclisiert, indem man die entsprechenden o-substituierten Aniline [(77), Z=O, S, NH] mit einer Carbonsäure, einem Carbonsäureanhydrid, Säurechlorid, Ester, Nitril, Amidin usw. erhitzt.

2. Benzoxazolone, Benzothiazolone und Benzimidazolone werden durch Umsetzung von Kohlensäurederivaten mit den entsprechenden *o*-substituierten Anilinen dargestellt.

3. Verwendet man anstelle des Kohlensäurederivats einen Aldehyd, ein Keton oder eine *gem*-Dihalogen-Verbindung, so entsteht die entsprechende nichtaromatische Verbindung [(80)→(81)].

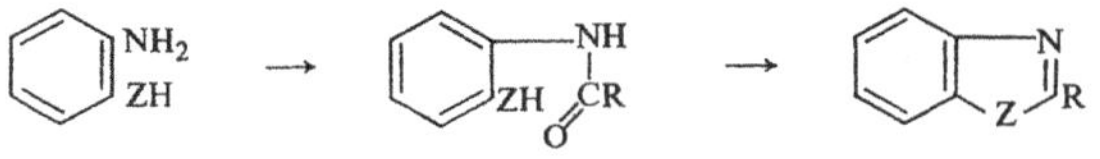

77   78   79

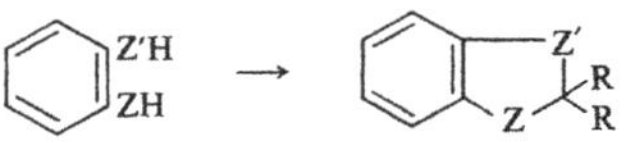

80   81

C. Verbindungen mit drei oder mehr Heteroatomen

1. Heteroatome in 1,2,3-Stellung

1. Acetylene geben mit Alkyl- und Arylaziden die 1,2,3-Triazole [(82)→(83)]. Olefine, die durch elektronenanziehende Gruppen aktiviert oder die gespannt sind, liefern analog 1,2,3-Triazoline (84).

2. Diazoketone werden durch Amine in 1,2,3-Triazole und durch Schwefelwasserstoff in 1,2,3-Thiadiazole umgewandelt [(85)→(86), Z = NR, S].

3. α-Dioxime (88) lassen sich zu Furazanen (87) und Furoxanen (89) cyclisieren.

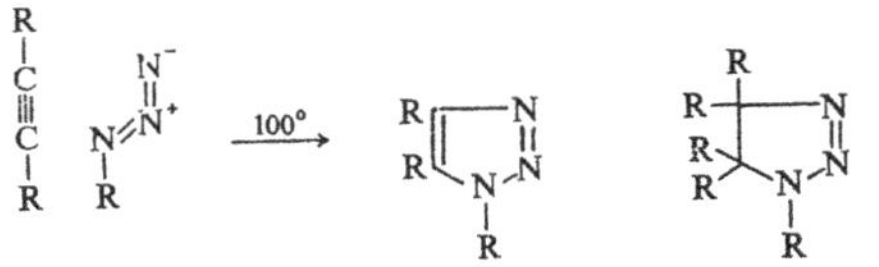

82   83   84

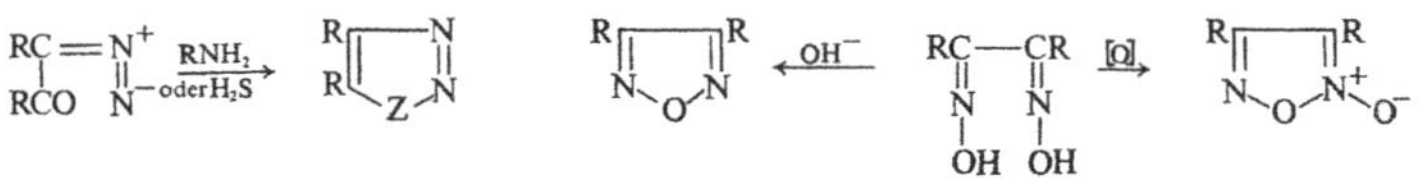

85   86   87   88   89

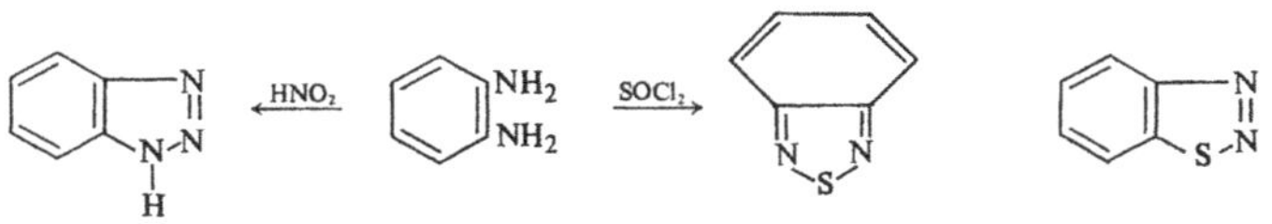

90   91   92   93

4. *o*-Phenylendiamin (91) kann leicht in Benzoderivate des 1,2,3-Triazols (90) bzw. 1,2,5-Thiadiazols (92) umgewandelt werden.

5. *o*-Mercapto-anilin und salpetrige Säure bilden Benzo-1,2,3-thiadiazol (93).

2. Heteroatome in 1,2,4-Stellung

1. Amidoxime und Amidrazone [(94), Z=O, NH] reagieren mit Säurechloriden usw. unter Bildung von 1,2,4-Oxadiazolen und 1,2,4-Triazolen [(95), Z=O, NH].

2. Diacylhydrazine (96) ergeben beim Erhitzen oder beim Behandeln mit $SOCl_2$ 1,3,4-Oxadiazole [(97), Z=O], mit P_2S_5 1,3,4-Thiadiazole [(97), Z=S] sowie mit primären Aminen 1,2,4-Triazole [(97), Z=NR'].

3. Ozonide (98) entstehen durch Einwirkung von Ozon auf Olefine.

3. Vier oder fünf Heteroatome

Tetrazole (100) werden durch Einwirkung von salpetriger Säure auf Amidrazone (99) und Pentazole (101) durch Umsetzung von Diazonium-Kationen mit Azid-Anionen gebildet.

III. Reaktionen der aromatischen Ringe

A. Allgemeiner Überblick

1. Vergleich mit anderen Heterocyclen

Der Ersatz einer CH-Gruppe in Benzol durch ein Stickstoffatom ergibt Pyridin (102). Der Ersatz einer CH=CH-Gruppe von Benzol durch NH, O oder S ergibt Pyrrol, Furan bzw. Thiophen (104). Die Azole (105) und (106) lassen sich als Derivate des Benzols ansehen, die durch je einen Schritt dieser Art zustande kommen. Die Chemie der fünfgliedrigen aromatischen Ringe mit zwei oder mehr Heteroatomen zeigt Analogien zur Chemie sowohl der fünf- als auch der sechsgliedrigen aromatischen Ringe mit einem Heteroatom. So greifen elektrophile Reagentien einsame Elektronenpaare an mehrfach gebundenen Stickstoff-Atomen von Azolen an (vgl. Pyridin), während sie Elektronenpaare an

| 102 | 103 | 104 | 105 | 106 | 107 |

NH-Gruppen oder an O- oder S-Atomen nicht angreifen (vgl. Pyrrol, Furan, Thiophen). Die Kohlenstoffatome von Azol-Ringen können durch nucleophile, elektrophile oder radikalische Reagentien angegriffen werden. Die Thiazol-, Imidazol- und Pyrazol-Kerne zeigen stark aromatischen Charakter und reagieren gewöhnlich unter „Rückkehr zum Typ", wenn das aromatische Sextett an der Reaktion teilnimmt. Die Isoxazol- und Oxazol-Kerne sind weniger aromatisch. Die Reaktionen kationischer fünfgliedriger Ringe mit zwei Heteroatomen [(107), Z, Z′ = NR, O, S] ähneln den Reaktionen von Pyridinium-, Pyrylium- und Thiopyrylium-Kationen.

| 108 | 109 | 110 | 111 |

2. Tautomerie

Alle Triazole und Tetrazole sowie unsymmetrisch substituierte Imidazole und Pyrazole können in zwei tautomeren Formen existieren [z.B. (108)⇌(109); (110)⇌(111)]. Die gegenseitige Umwandlung erfolgt jedoch leicht (vgl. Abschnitt 5.III.B.1), so daß sich die Tautomeren nicht trennen lassen. Manchmal herrscht eine tautomere Form vor. Beispielsweise ist die Mesomerie des Benzolrings in (108) größer als in (109), und ultraviolettspektroskopische Daten zeigen, daß Benzotriazole vorwiegend in der Form (108) existieren.

Hydroxy-, Amino- und Mercapto-Derivate von Azolen sind potentiell tautomer mit alternativen Formen, die sich zum Teil mit den Pyridonen usw., zum Teil mit den nichtaromatischen Oxo-dihydropyrrolen usw. vergleichen lassen. Diese Art der Tautomerie wird in den Abschnitten 5.IV.4 und 5 diskutiert.

B. Elektrophiler Angriff an einem mehrfach gebundenen Ring-Stickstoffatom

1. Reaktionsfolgen

In Azolen mit zwei Ring-Stickstoffatomen, von denen eines eine NH-Gruppe und das andere ein mehrfach gebundenes Stickstoffatom ist, erfolgt der elektrophile Angriff an dem zuletzt genannten Stickstoffatom. Hierauf folgt gewöhnlich die Abspaltung eines Protons von der NH-Gruppe [z.B. (112)→(114)]. Ist das elektrophile Reagens ein Proton, so führt diese Reaktionsfolge zu einer Isomerisierung (vgl. Abschnitt 5.III.A.2).

Da das elektrophile Reagens das mehrfach gebundene Stickstoffatom angreift [wie in den Formeln (115) und (116) gezeigt], steht die Orientierung bei der Reaktion in Zusammenhang mit der tautomeren Struktur der Ausgangssubstanz. Allerdings können Schlüsse von der chemischen Reaktivität auf die Struktur des Ausgangsmaterials irreführend sein, und zwar dann, wenn die Nebenkomponente bevorzugt reagiert und laufend durch Isomerisierung der Hauptkomponente nachgeliefert wird.

Neben den Reaktionsfolgen vom Typ (112)→(114) können elektrophile Reagentien auch an einem der Ring-Stickstoffatome in den durch Protonenabspaltung gebildeten mesomeren Anionen angreifen [z.B. (117)→(120) oder (121); vgl. Abschnitt 5.III.D.e].

2. Protonensäuren

Mesomere Elektronenverschiebungen vom Typ (122) und (123) erhöhen die Elektronendichte am Stickstoff-Atom und erleichtern die Reaktion mit elektrophilen Reagentien. Daneben hat das Heteroatom Z jedoch auch einen entgegengerichteten induktiven Effekt; so betragen etwa die pK_a-Werte von NH_2OH 6,0 und von N_2H_4 8,0 und sind damit beträchtlich niedriger als der pK_a-Wert von NH_3, der 9,5 beträgt.

Sind beide Heteroatome Stickstoff-Atome, so dominiert der Resonanzeffekt, wenn sie sich in 1,3-Stellung befinden, und der induktive Effekt, wenn sie sich in 1,2-Stellung befinden. Das Überwiegen des Resonanzeffekts zeigt sich am pK_a-Wert von Imidazol [(122), Z=NH], der 7,0 beträgt, während der pK_a-Wert des Pyrazols nur 2,5 beträgt; man vergleiche mit Pyridin, pK_a=5,2. Ist das zweite Heteroatom ein Sauerstoff- oder Schwefelatom, so steigt der basizitätserniedrigende induktive Effekt. Der pK_a-Wert des Thiazols [(122), Z=S] beträgt 3,5, der des Isoxazols [(123), Z=O] 1,3.

Substituenten ändern die Elektronendichte am mehrfach gebundenen Stickstoffatom und somit auch die Basizität analog wie in der Pyridin-Reihe. Eine Diskussion dieses Effekts findet man in Abschnitt 2.III.B.1.b. Die weiteren Stickstoff-Atome in Triazolen, Oxadiazolen usw. erniedrigen die Basizität. Auch dies entspricht wieder der Erwartung, da Diazine schwächere Basen als Pyridin sind; vgl. Abschnitt 3.III.2.

Ring-Stickstoffatome können Wasserstoff-Brückenbindungen bilden. Enthält das Azol eine NH-Gruppe, so tritt Assoziation ein. Imidazol (124) zeigt in Benzol ein kryoskopisches Molekulargewicht, das zwanzigmal so groß ist, wie erwartet. Sein Siedepunkt ist mit 256 °C höher als der von 1-Methyl-imidazol (198 °C).

3. Alkyl- und Acylhalogenide und verwandte Verbindungen

1. Pyrazole und Imidazole werden leicht alkyliert (z. B. durch MeJ oder Me_2SO_4); vgl. die Reaktionsfolgen (112)→(114) und (117)→(120) oder (121). Unsymmetrische Verbindungen liefern gewöhnlich Gemische von Produkten, deren Zusammensetzung von den Reaktionsbedingungen abhängen kann. Beispielsweise ergibt der Pyrazolcarbonsäureester (126) unter den angegebenen Bedingungen überwiegend die isomeren N-Methyl-Derivate (125) bzw. (127). Der Unterschied in der Orientierung hängt mit der Stabilisierung der tautomeren Form (126) durch Wasserstoff-Brückenbindung zusammen. Sie hat zur Folge, daß die Alkylierung der freien Base das Produkt (127) liefert, während das Isomere (125) durch Alkylierung des Anions gebildet wird.

2. Pyrazole und Imidazole, die am Stickstoff einen Substituenten tragen, Oxazole, Thiazole usw. werden durch Alkylhalogenide in quartäre Salze verwandelt. Ein Beispiel ist die Darstellung des Thiamins (130) aus den Komponenten (128) und (129).

3. N-Acyl-pyrazole, -imidazole usw. lassen sich durch Reaktionsfolgen vom Typ (112)→(114) oder (117)→(120), (121) darstellen. Wenn

zwei isomere Produkte möglich sind, so erhält man gewöhnlich nur das thermodynamisch stabile Produkt, da die Isomeren sich leicht ineinander umwandeln. Dementsprechend bilden Benzotriazole 1-Acylderivate (131), in denen die „Kekulé-Resonanz" des Benzolrings aufrechterhalten ist und die daher stabiler als die isomeren 2-Derivate sind.

125   126   127

128   129   130

131

C. Elektrophiler Angriff an einem Ring-Kohlenstoffatom

1. Reaktivität und Orientierung

a) Leichtigkeit der Reaktion. Der Ersatz einer CH=CH-Gruppe in Benzol durch ein Heteroatom Z erhöht die Anfälligkeit der Ring-Kohlenstoffatome gegen einen elektrophilen Angriff merklich im Falle Z=S und sehr deutlich im Falle Z=O oder NH (vgl. Abschnitt 4.III.B.1). Der Ersatz einer CH-Gruppe in Benzol durch ein Stickstoff-Atom verringert die Leichtigkeit eines elektrophilen Angriffs an den Kohlenstoff-Atomen (vgl. Abschnitt 2.III.A.1); der Ersatz von zwei CH-Gruppen durch Stickstoff-Atome verringert sie noch weiter (vgl. Abschnitt 3.III.1). Diese Desaktivierung ist bei Nitrierungs-, Sulfonierungs- und Friedel-Crafts-Reaktionen besonders deutlich ausgeprägt, d. h. bei den in stark sauren Medien verlaufenden Reaktionen, in denen das Stickstoff-Atom weitgehend protoniert (oder komplexiert) ist. Bei Reaktionen, die unter neutralen Bedingungen ausgeführt werden, wie Halogenierung, Mercurierung usw., tritt der desaktivierende Effekt weniger deutlich in Erscheinung.

Der Gesamteffekt mehrerer Heteroatome in einem Ring entspricht ungefähr der Überlagerung ihrer Einzeleffekte. Pyrazol, Imidazol, Oxazol und Isoxazol sollten daher ungefähr so leicht wie Benzol nitriert und sulfoniert werden. Thiazol und Isothiazol sollten weniger leicht und Oxadiazole, Thiadiazole, Triazole usw. noch schwieriger reagieren. In allen Fällen sollte die Halogenierung leichter verlaufen als die entsprechende Nitrierung oder Sulfonierung. Diese Voraussagen werden im allgemeinen durch die vorhandenen Daten gestützt.

Pyrazole und Imidazole existieren in neutraler und basischer Lösung, teilweise als Anionen [vgl. (132) und (133)]. Sie reagieren unter diesen Bedingungen mit elektrophilen Reagentien ungefähr so leicht wie Phenol; man vergleiche die erhöhte Reaktivität von Pyrrol-Anionen, Abschnitte 4.III.C.1.b und c.

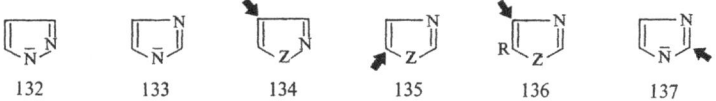

b) *Orientierung.* Ein mehrfach gebundenes Stickstoff-Atom desaktiviert Kohlenstoff-Atome in α- oder γ-Stellung gegen einen elektrophilen Angriff. Demnach sollte die Primärsubstitution in 1,2- und 1,3-Dihetero-Verbindungen wie in den Formeln (134) und (135) gezeigt verlaufen. Pyrazole [(134), Z=NH], Isoxazole [(134), Z=O], Imidazole [(135), Z=NH, die 4- und 5-Stellung können durch Tautomerie gleichwertig werden] und Thiazole [(135), Z=S] reagieren bei der elektrophilen Substitution tatsächlich in der vorhergesagten Weise. Über elektrophile Substitutionsreaktionen an Isothiazolen [(134), Z=S], Oxazolen [(135), Z=O] und Verbindungen mit drei oder mehr Heteroatomen im Ring ist wenig bekannt. Die Desaktivierung der 4-Stellung in 1,3-Dihetero-Verbindungen ist wegen der teilweisen Fixierung der Doppelbindungen weniger ausgeprägt (vgl. die Abschnitte 2.IV.A.1.c und 5.IV.1), so daß bei Blockierung der 5-Stellung Substitution in 4-Stellung eintreten kann (136).

Die obigen Betrachtungen gelten nicht für Reaktionen elektrophiler Reagentien mit Pyrazol- oder Imidazol-Anionen [(132), (133)]. Das Imidazol-Anion wird in 2-Stellung (137) und das Indazol-Anion in 3-Stellung substituiert (Abschnitt 5.III.C.3).

c) *Substituenteneffekte.* Wie im Benzol können Substituenten den Ring für eine Weitersubstitution stark aktivieren (z.B. NH_2, NMe_2, OMe), stark desaktivieren (z.B. NO_2, SO_3H, CO_2Et) oder nur relativ wenig Einfluß haben (z.B. Me, Cl). Wenn der Ring einen stark desaktivierenden Substituenten trägt, tritt eine weitere elektrophile Substitution im allgemeinen nicht ein. Wenn die bevorzugte Stellung für eine Substitution [vgl. (134) und (135)] besetzt ist, können stark aktivierende Substituenten die Substitution in anderen Stellungen erleichtern (vgl. Abschnitte 5.III.C.2 und 3).

2. Nitrierung, Sulfonierung und Halogenierung

1. Eine Zusammenstellung von Nitrierungs- und Sulfonierungsreaktionen monocyclischer Verbindungen findet sich in der nachstehenden Tabelle. Die Substitution erfolgt in den erwarteten Positionen. Die erforderlichen Bedingungen sind schärfer als im Falle des Benzols, aber milder als im Falle des Pyridins.

Verbindung	Substituierte Position	Bedingungen für	
		Sulfonierung	Nitrierung
Pyrazol	4 ($\equiv$ 5)	$H_2SO_4-SO_3$, 100 °C	$HNO_3-H_2SO_4-SO_3$, 100 °C
Imidazol	4 ($\equiv$ 5)	$H_2SO_4-SO_3$, 160 °C	siedende $H_2SO_4-HNO_3$
3-Methylisoxazol	4	HSO_3Cl, 100 °C	$HNO_3-H_2SO_4-SO_3$, 100 °C
4-Methylthiazol	5	$H_2SO_4-SO_3$, 200 °C	$HNO_3-H_2SO_4-SO_3$, 160 °C
2,5-Dimethylthiazol	4	$H_2SO_4-SO_3$, 200 °C	$HNO_3-H_2SO_4-SO_3$, 160 °C

138   139

Beispiele für den Einfluß aktivierender Gruppen bieten die Nitrierung ($HNO_3-H_2SO_4$ bei ca. 20 °C) und die Sulfonierung ($H_2SO_4-SO_3$ bei ca. 100 °C) von (138) und (139).

2. Imidazole und Pyrazole werden leicht chloriert (Cl_2-H_2O oder Cl_2-CHCl_3), bromiert (Br_2-CHCl_3; $KOBr-H_2O$) und jodiert (J_2-HJO_3). Die Primärsubstitution erfolgt allgemein in 4-Stellung, doch tritt leicht Weiterreaktion an den anderen verfügbaren Kernpositionen ein, speziell in der Imidazol-Reihe. Verläuft die Kernhalogenierung über den elektrophilen Angriff an Anionen vom Typ (132) oder (133), so wird primär die 2-Stellung des Imidazols substituiert.

3. Andere elektrophile Reagentien

Die Vielzahl der Reaktionen mit anderen elektrophilen Reagentien wird durch die folgenden Beispiele illustriert:

1. Diazonium-Ionen kuppeln mit Imidazol und Indazol (140) in 2- bzw. 3-Stellung. Diese Reaktionen verlaufen über die heterocyclischen

Anionen [z. B. (137)→(141)]. Andere Azole reagieren gewöhnlich nur, wenn sie eine Amino-, Hydroxyl- oder potentielle Hydroxylgruppe enthalten; beispielsweise reagieren (142) und (143) in den angegebenen Positionen.

140   141   142   143

144   145   146

2. Aldehyde und Ketone reagieren mit Azolinonen. Die Umsetzung zwischen Aldehyden und 2-Phenyl-5-oxazolon [(144), Y $=$ H$_2$], das in situ aus Ph $-$ CO $-$ NH $-$ CH$_2$ $-$ CO$_2$H und Ac$_2$O entsteht, ergibt Azlactone [(144), Y $=$ RCH].

3. Die Pyrazol-, Imidazol-, Thiazol-, Triazol- und Tetrazol-Ringe sind gewöhnlich gegen Oxydation (KMnO$_4$, CrO$_3$ usw.) stabil. Isoxazole sind gegen Oxydation empfindlicher [z. B. (145)→(146), Benzil-α-monoxim-benzoat], und Oxazole werden leicht oxydiert (z. B. durch KMnO$_4$).

D. Nucleophiler Angriff an den Ring-Kohlenstoffatomen

a) Allgemeines. Wegen der erhöhten Bedeutung des induktiven Elektronenentzugs erfolgt der nucleophile Angriff an ungeladenen Azolringen unter milderen Bedingungen, als sie für Pyridine, Pyridone, Pyrone und Thiopyrone erforderlich sind. Azolium-Ringe werden durch nucleophile Reagentien sehr leicht angegriffen. Die dabei gezeigten Reaktionen sind denen der Pyridinium- und Pyrylium-Verbindungen ähnlich; jedoch erfolgt die Ringspaltung von Azolium-Ionen noch leichter.

b) Hydroxyd- und Alkoxyd-Ionen. Diese Ionen greifen kationische Ringe leicht an. Die primär gebildeten Pseudobasen können

1. Wasser abspalten unter Bildung eines Äthers [z. B. (147)→(148)], oder

2. durchgreifenden Abbau erleiden; z. B. ergibt das 1,2-Dimethylpyrazolium-Ion HCO$_2$H und N$_2$H$_2$Me$_2$.

Bestimmte nichtkationische Ringe lassen sich durch Hydrolyse öffnen:

1. Oxazole sind gegen Alkali stabil, ergeben aber unter sauren Bedingungen Acylamino-ketone (149).

2. In 3-Stellung unsubstituierte Isoxazole reagieren mit Hydroxyd- oder Äthoxyd-Ionen zu β-Ketonitrilen [(150)→(151)].

3. Isoxazole, die in 3-Stellung substituiert, in 5-Stellung jedoch unsubstituiert sind, reagieren unter schärferen Bedingungen unter Bildung von Säuren und Nitrilen [(152)→(153)].

4. Imidazole und Benzimidazole (154) geben mit Säurechloriden und Alkali Verbindungen vom Typ (156), wahrscheinlich über (155). 1,2,4-Triazole und Tetrazole reagieren ähnlich.

c) Amine. Thiazole lassen sich in 2-Stellung aminieren (durch $NaNH_2$ bei 150 °C).

Sauerstoffhaltige Ringe werden häufig geöffnet und unter Bildung eines neuen Heterocyclus wieder geschlossen:

1. Isoxazole, die elektronenanziehende Substituenten enthalten, ergeben mit Hydrazin Pyrazole [z.B. (157, Z=O) →(157, Z=NH)].

2. Oxazole liefern mit Ammoniak Imidazole.

d) Reduktionsmittel. 1. Pyrazole werden zu Δ^2-Pyrazolinen oder Pyrazolidinen reduziert (Na−EtOH, H_2/Pd usw.).

2. Imidazole sind gegen Reduktion gewöhnlich resistent.

Reaktionen der aromatischen Ringe

3. Isoxazole werden leicht reduziert, gewöhnlich unter Ringspaltung [z. B. (158)→(159)].

4. Oxazole werden durch Natrium in Äthanol zu Oxazolidinen reduziert.

e) *Deprotonierung.* Thiazole und 1-substituierte Imidazole lassen sich in 2-Stellung metallieren [z. B. (160)→(161)]. Wasserstoffatome in 2-Stellung von Thiazolium-Ionen können leicht als Protonen abgespalten werden [(162)→(163)]; sie tauschen in schwerem Wasser mit Deuterium aus. Diese Reaktion wurde kürzlich auf zahlreiche andere Azolium-Kationen ausgedehnt.

E. Andere Reaktionen der aromatischen Kerne

a) *Nucleophiler Angriff an Ring-NH-Gruppen.* Pyrazole, Imidazole, Triazole und Tetrazole verhalten sich wie schwache Säuren. Sie bilden Metallsalze (z. B. mit $NaNH_2$, RMgBr), die durch Wasser hydrolysiert werden. Die Anionen reagieren sehr leicht mit elektrophilen Reagentien entweder an Stickstoff- oder an Kohlenstoff-Atomen des Rings, wie in Abschnitt 5.III.B.1 diskutiert.

b) *Stickstoff-Abspaltung.* Bei Azolen mit mehreren Stickstoff-Atomen erfolgt Ringspaltung unter Stickstoff-Abspaltung:

1. Pentazole (164) bilden spontan Azide, gewöhnlich bereits unter 20 °C.

2. Tetrazole liefern mit Säurechloriden (in C_5H_5N bei 50 °C) 1,3,4-Oxadiazole; z. B. (165)+PhCOCl→(166).

3. 1-Phenyl-benztriazole bilden Carbazole [(167)→(168)].

IV. Reaktionen von Substituenten an aromatischen Kernen

1. Allgemeiner Überblick

a) Heteroatome in 1,3-Stellung. In der 2-Stellung von Imidazolen, Thiazolen und Oxazolen besteht ein Elektronendefizit. Substituenten in 2-Stellung (169) zeigen daher im allgemeinen die gleichen Reaktionen wie α- oder γ-Substituenten in Pyridinen:

1. 2-Halogenatome werden relativ leicht ersetzt.
2. 2-Methyl-Gruppen sind „aktiv".
3. 2-Hydroxyl-Verbindungen existieren in der Azolinon-Form.

Substituenten in 4-Stellung dieser Verbindungen befinden sich gleichfalls in α-Stellung zu einem mehrfach gebundenen Stickstoff-Atom, aber wegen der Bindungsfixierung werden sie durch dieses Stickstoff-Atom nur wenig beeinflußt, selbst wenn das Stickstoff-Atom quaternisiert ist (170). Man vergleiche dies mit 3-Substituenten an Isochinolinen (Abschnitt 2.IV.A.1.c).

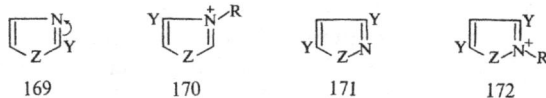

169   170   171   172

Substituenten in 4- und 5-Stellung von Imidazolen, Thiazolen und Oxazolen reagieren im allgemeinen wie die entsprechenden Substituenten an Benzol-Derivaten.

b) Heteroatome in 1,2-Stellung. Substituenten an Pyrazolen und Isoxazolen zeigen gewöhnlich, unabhängig von ihrer Stellung, die Reaktionen der entsprechenden Substituenten an einem Benzolring, nicht die von α- oder γ-Substituenten an Pyridin. Der (elektronenliefernde) Resonanzeffekt der NH-Gruppe vom „Pyrrol-Typ" bzw. des O-Atoms vom „Furan-Typ" ist offensichtlich in Pyrazol und Isoxazol (171) wichtiger als der (elektronenentziehende) induktive Effekt dieser Gruppen. Halogenatome und Methyl-Gruppen in 3- und 5-Stellung von Pyrazolen und Isoxazolen sind jedoch „aktiv", wenn der Ring quaternisiert ist (172).

2. Kohlenstoff enthaltende Substituenten

a) Ankondensierte Benzolringe. In Benzazolen finden elektrophile Substitutionen im Benzolring statt, und zwar unter ähnlichen Bedingungen wie beim Benzol selbst. Die Position, an welcher der Angriff erfolgt [vgl. die Formeln (173) bis (177)], variiert aus bisher noch nicht ganz ersichtlichen Gründen.

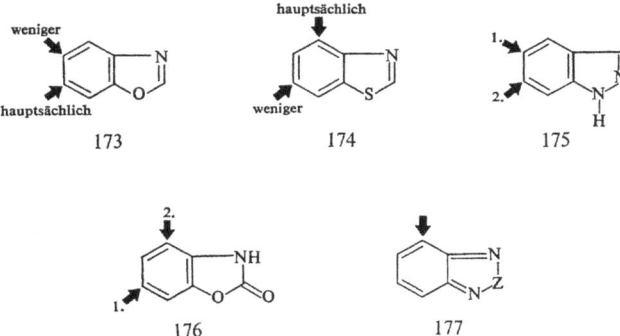

b) *Aryl-Gruppen.* In Arylgruppen tritt leicht elektrophile Substitution ein, gewöhnlich bevorzugt in *p*-Stellung. Beispielsweise gibt die Nitrierung von Phenyl-thiazolen, -oxazolen und -imidazolen ($HNO_3 - H_2SO_4$ bei 100 °C) die entsprechenden *p*-Nitrophenyl-Derivate.

c) *Alkyl-Gruppen.* Methyl-Gruppen in 2-Stellung von Imidazolen, Oxazolen und Thiazolen [(178), Z = NH, O, S] sind „aktiv". Das heißt, sie können Protonen verlieren und Anionen bilden, die mit elektrophilen Reagentien in ähnlicher Weise wie Methyl-Gruppen von α- und γ-Methylpyridinen reagieren. So ergeben Methyl-Verbindungen vom Typ (178) mit $ZnCl_2$ und PhCHO Styryl-Derivate (179).

In den kationischen Derivaten [z.B. (180)] sind Methyl-Gruppen in 2-Stellung noch reaktionsfähiger, und die Protonen-Abspaltung ist erleichtert. Die entstehenden Anhydrobasen (181) lassen sich isolieren, oder man kann sie in situ weiter reagieren lassen. Diese Reaktionen laufen analog wie die der entsprechenden Pyridinium-Verbindungen ab (Abschnitt 2.IV.A.3).

Methyl-Gruppen in 4- oder 5-Stellung von Imidazol, Oxazol und Thiazol gehen solche Reaktionen gewöhnlich nicht ein, selbst wenn der Ring kationisch ist. Auch Methyl-Gruppen in Pyrazolen und Isoxazolen sind relativ wenig reaktionsfähig.

Alkyl-Gruppen kann man meist ohne Aufspaltung des Kerns zu Carboxyl-Gruppen oxydieren (z.B. mit $KMnO_4$).

d) *Acyl-Gruppen.* N-Acylazole werden leicht hydrolysiert. Wegen ihrer Empfindlichkeit gegen einen nucleophilen Angriff hat man Verbindungen wie Carbonyl-diimidazol (182) entwickelt, die z.B. bei Peptidsynthesen präparativ angewandt werden.

$$\left[\underset{N}{\overset{N}{\bigvee}}\right]_2^{CO} \qquad \underset{Z}{\overset{N}{\bigvee}}X$$

182   183

3. Halogene

Halogenatome in 2-Stellung von Imidazolen, Thiazolen und Oxazolen lassen sich nucleophil substituieren. Die erforderlichen Bedingungen sind schärfer als im Falle von α- oder γ-Halogenpyridinen (vgl. Abschnitt 2.IV.A.5), aber sehr viel milder als beim Chlorbenzol. Beispielsweise läßt sich in Verbindungen vom Typ (183, X=Cl, Br) das Halogenatom durch NHR, OR, SH und OH ersetzen (in den beiden zuletzt genannten Fällen tautomerisieren die Produkte, vgl. Abschnitt 5.IV.4).

Halogenatome in 4- und 5-Stellung von Imidazolen, Thiazolen und Oxazolen sowie Halogenatome in Pyrazolen und Isoxazolen zeigen gewöhnlich keine derartige Reaktivität, sofern sie nicht durch einen elektronenanziehenden Substituenten in α- oder γ-Stellung labilisiert sind.

Kern-Halogenatome lassen sich durch chemische oder katalytische Reduktion, z.B. mit Na−EtOH, Zn−HOAc oder H_2−Ni, durch Wasserstoffatome ersetzen. Grignard-Reagentien, die normale Reaktionen zeigen, werden meistens unter Zugabe von Äthylbromid zur Aktivierung des Magnesiums dargestellt (vgl. Abschnitt 2.IV.A.5).

4. Potentielle Hydroxyverbindungen

a) 2-Hydroxy, Heteroatome-1,3. 2-Hydroxy-imidazole, -oxazole und -thiazole [(184), Z=NR, O, S] können zu 2-Azolinonen (185) isomerisieren. Diese Verbindungen existieren durchweg überwiegend in der Azolinon-Form und zeigen ähnliche Reaktionen wie die Pyridone (vgl. Abschnitt 2.IV.A.6.d).

1. Durch $POCl_3$ bei 100−200 °C werden sie in Chlor-azole umgewandelt, z.B. (185)→(186).

2. Alkylierung ergibt C-, O- oder N-Alkyl-Derivate; (188) bildet z.B. (187) oder (189).

$$\underset{Z}{\overset{N}{\bigvee}}OH \;\rightleftharpoons\; \underset{Z}{\overset{NH}{\bigvee}}O$$

184   185

$$\underset{Z}{\overset{N}{\bigvee}}Cl \qquad \underset{S}{\overset{N-Me}{\bigvee}}O \;\xrightarrow[\overline{OH}]{MeJ}\; \underset{S}{\overset{NH}{\bigvee}}O \;\xrightarrow{CH_2N_2}\; \underset{S}{\overset{N}{\bigvee}}OMe$$

186   187   188   189

b) 3-Hydroxy, Heteroatome-1,2. Pyrazole, Isoxazole und Isothiazole mit einer Hydroxylgruppe in 3-Stellung [(190), Z = NR, O, S] könnten theoretisch zu 3-Azolinonen (191) isomerisieren. Die Verbindungen verhalten sich jedoch wie echte Hydroxy-Derivate und haben die gleichen Eigenschaften wie Phenole.

c) 4- und 5-Hydroxy, Heteroatome-1,3, und 4-Hydroxy, Heteroatome-1,2. 4- und 5-Hydroxy-imidazole, -oxazole und -thiazole [(192), (194)] sowie 4-Hydroxy-pyrazole, -isoxazole und -isothiazole (196) können nicht zu einer aromatischen Carbonyl-Form tautomerisieren. Hingegen ist eine analoge Tautomerie wie bei den Hydroxy-furanen, -thiophenen und -pyrrolen möglich [(192) ⇌ (193); (194) ⇌ (195); (196) ⇌ (197)]. Die meisten Verbindungen dieses Typs existieren weitgehend in Form dieser nichtaromatischen Azolinon-Strukturen [(193), (195), (197)]. Die Hydroxyl-Form kann jedoch durch Chelatbildung stabilisiert werden [z. B. (198)].

In den meisten derartigen Verbindungen tritt leicht eine Ringspaltung ein. Beispielsweise werden die Azlactone, d. h. 5-(4H)-Oxazolone mit einer exocyclischen C=C-Bindung in 4-Stellung (200), zu den α-Benzamido-α,β-ungesättigten Säuren (201) hydrolysiert, deren weitere Hydrolyse dann α-Ketosäuren (202) ergibt. Die Reduktion und anschließende Hydrolyse von Azlactonen in situ wird zur Synthese von α-Aminosäuren benützt [z. B. (200)→(199)].

d) 5-Hydroxy, Heteroatome-1,2. 5-Hydroxy-isoxazole und -pyrazole können auf beiden unter a) und c) diskutierten Wegen tautomerisieren [(203) ⇌ (204) ⇌ (205)]. Die Hydroxy-Form ist gewöhnlich die am wenigsten stabile. Die alternativen Azolinon-Formen bestehen nebeneinander, wobei das Mengenverhältnis von den Substituenten und vom Lösungsmittel abhängt.

203   204   205

5. Amino-Gruppen

Amino-azole existieren überwiegend als solche und nicht in den tautomeren Imino-Formen. Sie gleichen in vieler Hinsicht Amino-pyridinen (Abschnitt 2.IV.A.7.b):

1. Die Basizität dieser Amino-Gruppen ist kleiner als in Anilin, und Protonen werden bevorzugt an die Ring-Stickstoffatome addiert.

2. Die Alkylierung geschieht an Ring-Stickstoffatomen. Ausnahmen findet man nur dann, wenn ein intermediäres Anion reagiert [vgl. (207)→(206), (209)].

3. Die Acylierung gibt Acylamino-Derivate.

206   207   208   209

Amino-azole lassen sich gewöhnlich leichter als α- oder γ-Amino-pyridin diazotieren, obwohl dazu häufig ein stark saures Medium erforderlich ist. Die entstehenden Diazo-Verbindungen gehen viele der normalen Kupplungs- und Substitutionsreaktionen ein.

V. Reaktionen nichtaromatischer Verbindungen

Nichtaromatische Derivate von Azolen reagieren im allgemeinen ähnlich wie ihre aliphatischen Analoga. Zu den wichtigsten Ausnahmen von dieser Regel gehört die Aromatisierung.

a) Dihydro-Verbindungen. Δ^4-Imidazoline, -Oxazoline und -Thiazoline (210) und ihre Benzo-Derivate (213) werden sehr leicht aromatisiert [(213)→(214)]. Synthesen, die an sich die Dihydro-Verbindungen ergeben sollten, liefern häufig die entsprechenden aromatischen Produkte.

Δ^2-Imidazoline [(211), Z=NH] sind cyclische Amidine und zeigen die charakteristische Resonanzstabilisierung und starke Basizität. Δ^2-Oxazoline [(211), Z=O] sind cyclische Iminoäther, und Δ^2-Thiazoline

[(211), Z=S] sind Imino-thioäther. Beide werden infolgedessen durch verdünnte Säuren leicht hydrolysiert.

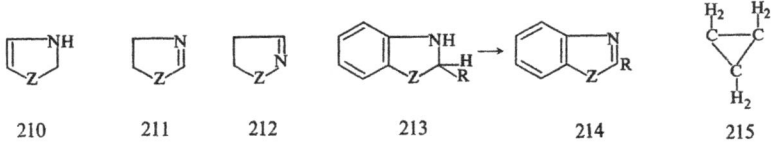

210 211 212 213 214 215

$\varDelta^2$-Pyrazoline und $\varDelta^2$-Isoxazoline [(212), Z=NH, O] sind cyclische Hydrazone bzw. Oxime. $\varDelta^2$-Pyrazoline lassen sich durch Brom oder Bleitetraacetat zu Pyrazolen oxidieren. Bei der Pyrolyse spalten sie Stickstoff ab unter Bildung von Cyclopropanen [z. B. (212, Z=NH) →(215)].

b) Tetrahydro-Verbindungen. 1,3-Dioxolane (216), Tetrahydroimidazole (217), Tetrahydro-oxazole (218) und Tetrahydrothiazole (219) bilden sich etwas leichter als ihre acyclischen Analoga, doch in anderer Hinsicht sind ihre Eigenschaften ähnlich. Verbindungen vom Typ (217) (R=H) und (218) (R=H) stehen mit ihren offenkettigen Formen im Gleichgewicht. Diese Tetrahydro-Verbindungen werden durch verdünnte Säuren leicht hydrolysiert.

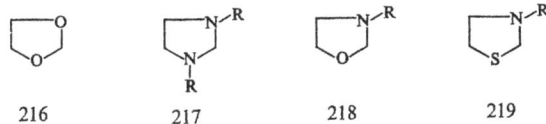

216 217 218 219

c) Nichtaromatische Derivate von Azolinonen. Diese Verbindungen wurden in Abschnitt 5.IV.4. behandelt.

Kapitel 6

Heterocyclische Verbindungen mit drei- und viergliedrigen Ringen

I. Dreigliedrige Ringe

A. Dreigliedrige Ringe mit einem Heteroatom

1. Nomenklatur und Verbindungen

Die Stammverbindungen dreigliedriger Ringe mit einem Heteroatom sind:
1. Aziridin (oder Äthylenimin) [(1), Z=NH],
2. Oxiran (oder Äthylenoxyd) [(1), Z=O] und
3. Thiiran (oder Äthylensulfid) [(1), Z=S].

Derivate mit einer Carbonyl-Gruppe oder einer Doppelbindung im Ring sind als Reaktionszwischenstufen postuliert worden, doch konnten erst vor kurzem ein α-Lactam (2) und ein Azirin (3) isoliert werden.

2. Darstellung

Die Verbindungen lassen sich durch nucleophile Substitutionsreaktionen darstellen.

1. Oxirane bilden sich bei Einwirkung von Alkali auf β-Hydroxyhalogenide [(4), Y=Br, Cl], β-Hydroxy-tosylate [(4), Y=OTs] und quartäre β-Hydroxy-ammonium-Ionen [(4), Y=NMe$_3^+$]. Sie entstehen ferner als Nebenprodukte bei der Reaktion zwischen Diazoalkanen und Ketonen [z. B. (5)→(8)].

2. Thiirane lassen sich nach ähnlichen Methoden gewinnen, nämlich aus β-Mercapto-halogeniden (9) plus Alkali sowie durch Umsetzung von

Diazomethan mit Thioketonen [vgl. (5)]. Die wichtigste Methode zur Herstellung von Thiiranen besteht in der Reaktion von Thioharnstoff mit Oxiranen; dabei wird der Oxiran-Ring gespalten und anschließend ein Thiiran-Ring geschlossen.

9   10

3. β-Amino-halogenide und β-Amino-sulfate [(10), $Y = Br$, Cl, SO_4^-] geben beim Erhitzen oder bei der Behandlung mit Alkali Aziridine.

Neben diesen unter nucleophiler Substitution verlaufenden präparativen Methoden entstehen Oxirane durch direkte Oxydation von Olefinen mit Sauerstoff (katalytisch) oder mit Peroxysäuren (z.B. $PhCO_3H-CHCl_3$ bei 20 °C). Diese Reaktion verläuft leichter, wenn die $C=C$-Bindung des Olefins alkyliert ist, während sie bei Gegenwart elektronenanziehender Gruppen gehindert ist.

3. Reaktionen

Die dreigliedrigen Ringverbindungen sind wegen ihrer Ringspannung sehr viel reaktionsfähiger als normale Äther, Sulfide oder Amine. Nucleophile Reagentien öffnen den Ring [(11)→(12)] über Reaktionen, die eine Umkehrung der Herstellungsmethoden bedeuten. Elektrophile Reagentien können diese Reaktionen katalysieren, denn die Ringspaltung von (13) erfolgt leichter als die von (11). Unter basischen oder neutralen Bedingungen erfolgt die Ringspaltung bevorzugt an dem am wenigsten substituierten Kohlenstoffatom und ist von Konfigurationsumkehrung begleitet (d.h. S_N2-Typ). Unter sauren Bedingungen gelten diese Regeln wegen des zunehmenden S_N1-Charakters nicht immer.

Die Reaktionen dieser heterocyclischen Systeme werden u. a. durch folgende Reagentien eingeleitet:

1. Hydroxyd-Ionen: Oxirane→Glycole; Aziridine→Aminoalkohole.

2. Amine: Oxirane→Aminoalkohole; Aziridine→Diamine.

3. Halogenwasserstoffe: Oxirane→Halohydrine; Thiirane→Mercapto-halogenide; Aziridine→Halogen-amine.

4. Grignard-Reagentien: Oxirane→Alkohole; z.B.

$$C_2H_4O + RMgBr \rightarrow R-CH_2-CH_2OH.$$

11   12   13   14

5. Katalytische Mengen eines nucleophilen oder eines elektrophilen Reagens können eine Polymerisation einleiten. Am Anfang steht eine Ringspaltung. Das Ringspaltungs-Produkt reagiert dann mit weiteren Molekülen des cyclischen Ausgangsmaterials zu Dimeren [z. B. (14)] oder Hochpolymeren (z. B. $\cdots - CH_2 - CH_2 - Z - CH_2 - CH_2 - Z - CH_2 - - CH_2 - \cdots$).

6. Reduktionsmittel, z. B. Ni/H_2, $Zn - NH_4Cl$, $P - J_2$, $Al - Hg$: Oxirane und Aziridine werden zu Alkoholen bzw. Aminen reduziert.

7. Elektrophile Reagentien ($MgBr_2$; $H_2SO_4 - AcOH$) katalysieren die Umlagerung von Oxiranen zu Ketonen. Die Wanderungsfähigkeit der verschiedenen Substituenten ist analog wie bei der verwandten Pinakol-Umlagerung.

8. Aziridine lassen sich am Stickstoff-Atom acylieren und nitrosieren. Sie bilden mit Säuren Salze, sind aber weniger basisch (pK_a ca. 8) als andere sekundäre Amine (pK_a ca. 11).

B. Dreigliedrige Ringe mit zwei Heteroatomen

1. Oxaziridine (15) bilden sich durch Oxydation ($MeCO_3H - CH_2Cl_2$ bei 20 °C) von Schiffschen Basen. Sie werden durch Erhitzen zu Nitronen (16) und/oder Amiden (17) umgelagert.

15   16   17

18   19

2. Diaziridine (18) lassen sich durch die Umsetzung

$$R_2CO + R'NH_2 + NH_2OSO_3H \rightarrow (18)$$

gewinnen. Die Diaziridine sind schwache Basen, die sich am Stickstoff acylieren lassen. Ihr Ring wird z. B. durch Reduktionsmittel leicht gespalten.

3. Diazirine (19) erhält man durch Oxydation von Diaziridinen, die am Stickstoff nicht substituiert sind: $(18, R' = H) + Ag_2O \rightarrow (19)$. Die Diazirine sind Isomere der aliphatischen Diazo-Verbindungen, sind aber viel weniger reaktionsfähig, obwohl sie gleichfalls explosiv sind. Grignard-Reagentien ergeben N-substituierte Diaziridine.

II. Viergliedrige Ringe

A. Viergliedrige Ringe mit einem Heteroatom

1. Nomenklatur und Verbindungen

Die Stammverbindungen sind
1. Azetidin (oder Trimethylenimin) [(20), Z = NH],
2. Oxetan (oder Trimethylenoxyd) [(20), Z = O] und
3. Thietan (oder Trimethylensulfid) [(20), Z = S].

Ihre α-Carbonyl-Derivate (21) werden systematisch 2-Azetidinon usw. genannt, doch benützt man häufig auch die β-Lactam-, β-Lacton- und β-Thiolacton-Nomenklatur.

Die Penicilline [(22), R = CH$_2$Ph usw.], die einen β-Lactamring enthalten, sind wichtige Antibiotica.

2. Darstellung

Azetidine, Oxetane und Thietane werden durch nucleophile Substitutionsreaktionen (23) dargestellt, etwa durch Einwirkung von Alkali auf γ-Halogenamine, -alkohole und -merkaptane. Diese Reaktionen sind den zur Synthese dreigliedriger Ringe (Abschnitt 6.I.A.2) verwendeten Umsetzungen analog, verlaufen jedoch weniger glatt.

2-Oxetanone (β-Lactone) und 2-Azetidinone (β-Lactame) lassen sich bequem aus Ketenen darstellen [(25)→(24), (26)]. Daneben kennt man auch hier synthetische Methoden, die unter Ringschluß verlaufen, z.B. $J - CH_2 - CH_2 - CO_2Ag \rightarrow$ 2-Oxetanon.

3. Reaktionen

a) *Gesättigte Ringe.* Die Eigenschaften von Azetidin, Oxetan und Thietan liegen zwischen denen von aliphatischen Aminen, Äthern bzw. Sulfiden einerseits und denen der entsprechenden dreigliedrigen Ringsysteme andererseits.

1. Bei einigen Reaktionen bleibt der Ring erhalten. Thietan läßt sich zum Sulfon oxydieren. Azetidin bildet Salze und läßt sich acylieren (mit R−COCl) oder nitrosieren (mit HNO$_2$).

2. Die Ringspaltung erfolgt leicht. Oxetan reagiert mit Grignard-Reagentien unter Bildung von Alkoholen des Typs R(CH$_2$)$_3$OH und mit Bromwasserstoff unter Bildung von 1,3-Dibrompropan. Azetidin wird durch Halogenwasserstoffe in γ-Halogenamine umgewandelt.

27   28   29   30

b) *Carbonyl-Derivate.* 2-Oxetanone (β-Lactone) werden durch nucleophile Reagentien leicht angegriffen. Die Reaktion kann erfolgen

1. unter Alkyl-Oxy-Spaltung [(27)→(28)]; beispielsweise ergibt Propiolacton mit NaOAc−H$_2$O die Verbindung (28, Nu=Ac) und mit MeOH−NaOMe die Verbindung (28, Nu=OMe);

2. unter Acyl-Oxy-Spaltung [(29)→(30)]. So reagiert Propiolacton mit MeOH−H$^+$ unter Bildung von (30, Nu=OMe).

Die Umsetzung von 2-Acetidinonen (β-Lactamen) mit nucleophilen Reagentien verläuft unter Acyl-Stickstoff-Spaltung, wie es für Amide normal ist [vgl. (29)→(30)]. Zum Beispiel ergibt Propiolactam bei Hydrolyse β-Alanin (H$_2$N−CH$_2$−CH$_2$−CO$_2$H).

B. Viergliedrige Ringe mit zwei Heteroatomen

Viergliedrige Ringe mit Heteroatomen in 1,2-Stellung lassen sich aus Ketenen herstellen:

1. Azoverbindungen liefern 1,2-Diazetidine [z.B. (32)→(31)].

2. Nitroso-Verbindungen ergeben 1,2-Oxazetidine [z.B. (32)→(33)].

1,3-Diazetidin-Derivate lassen sich durch Kondensation von Isocyanaten mit Schiffschen Basen darstellen [z.B. (34)→(35)].

31   32   33

34   35

Kapitel 7

Physikalische Eigenschaften

1. Schmelz- und Siedepunkte

Die Schmelz- und Siedepunkte einiger heteroaromatischer Systeme und ihrer monosubstituierten Derivate sind in der nachstehenden Tabelle angegeben.

a) Unsubstituierte Verbindungen. Ein Vergleich zwischen den Siedepunkten der Stamm-Ringsysteme (erste Kolonne der Tabelle) zeigt, daß der Ersatz einer −CH=CH−-Gruppe durch ein Schwefel-Atom wenig Einfluß hat, während der Ersatz durch ein Sauerstoff-Atom den Siedepunkt um etwa 40 °C erniedrigt. Diese Effekte sind auf Grund des Molekulargewichts zu erwarten.

Die Einführung von Stickstoff-Atomen in den Ring hat weniger regelmäßige Änderungen zur Folge. Der Ersatz einer −CH=CH−-Gruppe durch eine NH-Gruppe oder einer =CH−-Gruppe durch ein Stickstoff-Atom erhöht den Siedepunkt. Treten beide Ersatzmöglichkeiten zugleich ein, so steigt der Siedepunkt wegen der Möglichkeit einer Assoziation über Wasserstoff-Brückenbindungen (vgl. Abschnitt 5.III.B.2) um einen besonders hohen Betrag.

b) Einfluß von Substituenten. Eine Prüfung des Substituenteneinflusses auf die Schmelz- und Siedepunkte der Stammverbindungen ist recht interessant.

1. Methyl- und Äthyl-Gruppen an Ring-Kohlenstoffatomen erhöhen den Siedepunkt gewöhnlich um ca. 20 bis 30 °C bzw. 50 bis 60 °C. Hingegen hat die Umwandlung einer NH-Gruppe in eine NR-Gruppe eine starke Erniedrigung des Siedepunkts zur Folge (z. B. Pyrazol − 1-Methyl-pyrazol), weil die Assoziation erschwert wird.

2. Die Säuren und Amide sind durchweg fest. Carboxy-Derivate von Verbindungen mit einem Ring-Stickstoffatom schmelzen gewöhnlich höher als die entsprechenden Verbindungen mit Ring-Sauerstoff- oder -Schwefelatomen, da die Möglichkeit der Bildung von Wasserstoff-Brückenbindungen größer ist. Fast alle Amide schmelzen im Bereich 130 bis 180 °C.

3. Verbindungen, die sowohl ein Ring-Stickstoffatom als auch eine Hydroxyl-, Mercapto- oder Aminogruppe enthalten, sind gewöhnlich

Schmelz- und Siedepunkte [a, b, c, d]

Ringsystem	H	Me	Et	COMe	CO₂H	CO₂Et	CONH₂	CN	NH₂	OH	OMe	SH	SMe	Cl	Br
Benzol	80	111	136	202	122	211	130	190	184	43	37	168	187	131	155
Pyridin-2	115	128	148	192	137	243	107	222	57	107	252	128	197	171	193
Pyridin-3	115	144	163	220	235	223	129	50	65	125	179Z	79	–	150	173
Pyridin-4	115	145	171	211	306	219	156	79	157	148	93	186	44	147	174
Pyrrol-1	130	114	129	180	95Z	180	166	–	–	–	–	–	–	–	–
Pyrrol-2	130	148	181	90	205Z	39	174	–	–	–	–	–	–	–	–
Pyrrol-3	130	158	179	115	148	78Z	152	–	–	–	–	–	–	–	–
Furan-2	31	64	92	31	133	34	142	147	68	80	110	–	–	78	103
Furan-3	31	65	–	54	122	179	168	–	–	58	–	–	–	80	103
Thiophen-2	84	113	133	214	129	218	180	196	214	217	154	166	–	128	150
Thiophen-3	84	115	135	57	138	208	178	179	–	–	–	171	–	136	157
Pyrazol-1	70	127	137	234	–	213	–	–	–	–	–	–	–	–	–
Pyrazol-4	70	207	–	157	275	–	–	–	81	118	–	–	–	77	97
Pyrazol-3	70	205	209	101	214Z	160	–	–	285	164	–	–	–	–	–
Isoxazol-3	95	118	138	–	149Z	–	134	168	–	–	–	–	–	–	–
Isoxazol-5	95	122	–	53	149	218	174	–	–	–	–	–	–	–	–
Imidazol-1	90	199	226	102	–	157	–	–	–	–	–	–	–	–	–
Imidazol-2	90	141	80	80	164Z	–	215	–	–	250Z	–	227	139	–	207
Imidazol-4	90	56	–	–	275Z	–	–	–	–	–	–	–	–	–	130
Oxazol-2	69	–	–	–	–	48	–	–	97	–	–	–	–	–	–
Oxazol-4	69	87	–	–	142	48	–	–	–	–	–	–	–	–	–
Thiazol-2	117	128	–	–	102Z	–	150	–	90	–	–	79	–	145	147
Thiazol-4	117	133	–	56	196	–	186	–	–	–	–	–	–	–	–
Thiazol-5	117	154	–	–	218	217	182	53	83	–	–	–	–	–	–
Pyridazin-3	208	215	–	–	200	68	191	–	169	103	219	–	–	35	73
Pyridazin-4	208	225	–	–	240	255	–	–	–	–	–	–	–	–	–
Pyrimidin-2	123	138	–	–	270	–	–	–	127	320	–	230Z	218	65	–
Pyrimidin-4	123	141	–	–	240Z	–	–	–	151	164	–	187	–	–	–
Pyrimidin-5	123	153	–	–	270	38	212	–	170	210Z	–	–	–	–	75
Pyrazin-2	57	135	–	–	229Z	–	189	205	–	119	187	–	–	160	180

[a] Schmelzpunkte über 30 °C sind **fett** gedruckt; Schmelzpunkte unter 30 °C sind nicht angegeben. [b] Siedepunkte sind zur Erleichterung von Vergleichen bei Atmosphärendruck angegeben; Literaturwerte bei anderen Drucken wurden mit Hilfe eines Nomogramms [Ind. Engng. Chem. **49**, 125 (1957)] umgerechnet. [c] Ein Strich bedeutet, daß die Verbindung instabil oder unbekannt ist oder daß keine Daten verfügbar sind. [d] Z = Zersetzung.

relativ hochschmelzende Festkörper. Bei vielen Hydroxy- und Mercapto-Verbindungen läßt sich dies auf ihre Tautomerie mit wasserstoffbrücken-gebundenen On- und Thion-Formen zurückführen (vgl. Abschnitte 2.IV.A.6 und 8). Offensichtlich kann jedoch eine Wasserstoff-Brücken-bindung auch in Hydroxyl-Verbindungen, z.B. 3-Hydroxypyridin, und in Amino-Verbindungen eintreten.

4. Methoxyl-, Methylthio- und Dimethylamino-Derivate sind häufig flüssig.

5. Die Siedepunkte von Chlorverbindungen sind häufig ähnlich wie die der entsprechenden Äthyl-Verbindungen. Bromverbindungen sieden etwa 25 °C höher als ihre Chlor-Analoga.

2. Brechungsindex, Dichte und Viskosität

Die heterocyclischen Stammverbindungen und ihre niederen Homo-logen sind leicht bewegliche Flüssigkeiten, deren Dichte nicht sehr ver-schieden von der des Wassers ist und die mäßig hohe Brechungsindices aufweisen. In der nachstehenden Tabelle werden die physikalischen Kon-stanten einiger heterocyclischer Verbindungen mit denen des Benzols verglichen.

Benzol	n_D^{20}	1,501	d_4^{20}	0,879	η^{20}	0,652
Pyridin	n_D^{21}	1,509	d_4^{25}	0,978	η^{20}	0,974
Pyrrol	n_D^{20}	1,508	d_4^{20}	0,969	—	—
Furan	n_D^{19}	1,422	d_4^{20}	0,937	—	—
Thiophen	n_D^{20}	1,525	d_4^{20}	1,062	η^{22}	0,638

3. Dipolmomente

Das Dipolmoment ist ein Maß für die gesamte Ladungsverteilung in einem Molekül. Durch Vergleich mit geeigneten Standardsubstanzen lassen sich Schlüsse bezüglich der Mesomerie eines Systems ziehen. Bei-spielsweise wurde gezeigt, daß

1. das Ring-Stickstoffatom in Pyrrolen eine positive Partialladung trägt (Beteiligung der kanonischen Strukturen 1 und 2);

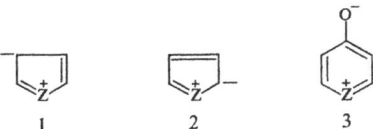

| 1 | 2 | 3 |

2. die Ring-Heteroatome in 4-Pyronen und 4-Thiopyronen als Elek-tronendonatoren wirken (vgl. die kanonische Form 3);

3. Elektronen in Abhängigkeit von den elektronischen Erfordernissen des vorhandenen Substituenten von der 4-Stellung des Pyridin-1-oxyd-

Kerns abgegeben oder aufgenommen werden können (vgl. Abschnitt 2.III.A.4).

4. pK_a-Werte

Eine Säure HA ionisiert gemäß $HA \rightleftharpoons H^+ + A^-$. Die Stärke der Säure HA wird durch den Ausdruck

$$\frac{[H^+][A^-]}{[HA]} = K_a$$

definiert, wobei K_a die Dissoziationskonstante ist. Einfachheitshalber gibt man gewöhnlich die pK_a-Werte an, $pK_a = -\log K_a$. Die Stärke einer Base B drückt man häufig durch die Stärke ihrer konjugierten Säure BH^+ aus: je stärker die konjugierte Säure ist, um so schwächer ist die Base. Demnach besitzen schwache Säuren und die konjugierten Säuren starker Basen hohe pK_a-Werte, während starke Säuren und die konjugierten Säuren schwacher Basen niedrige pK_a-Werte aufweisen.

Die Basizität eines Ring-Stickstoffatoms hängt von der Elektronendichte an diesem Atom ab. Änderungen in der Elektronendichte, die durch einen Wechsel der Substituenten verursacht werden, lassen sich somit anhand der Änderung der Basenstärke messen. Die pK_a-Werte von Pyridinen, Azinen und Azolen wurden bereits besprochen, vgl. die Abschnitte 2.III.B.1, 3.III.2 und 5.III.B.2.

pK_a-Werte von potentiell tautomeren Verbindungen und von Vergleichsverbindungen

4-Benzylthiopyridin		2-Dimethylaminopyridin-1-oxyd	
[(4), R = CH$_2$Ph]	5,4	[(6), R = Me]	2,3
1-Methyl-4-pyridinthion [(5), R = Me]	1,4	1-Methoxy-2-pyridonimin	
		[(7), R = Me]	12,4
4-Pyridinthion [(5), R = H] oder		2-Aminopyridin-1-oxyd [(6), R = H]	
4-Mercaptopyridin [(4), R = H]	1,5	oder 1-Hydroxy-2-pyridonimin	
		[(7), R = H]	2,7

Basizitätsmessungen dienen häufig zur Bestimmung der vorherrschenden Struktur potentiell tautomerer Verbindungen. Sind pK_a und pK_a' die Werte der einzelnen tautomeren Formen, so läßt sich die Gleichgewichtskonstante für das Tautomeriegleichgewicht, K_T, gemäß

$$-\log K_T = pK_a - pK_a'$$

ausdrücken. Da eine Alkylierung die pK_a-Werte nicht in erheblichem Maße ändert, lassen sich auf diese Weise angenäherte Werte für die Tautomeriekonstante K_T bestimmen. So zeigen beispielsweise die oben angegebenen pK_a-Werte, daß 4-Pyridinthion [(5), R=H] und 2-Amino-pyridin-1-oxyd [(6), R=H] die vorherrschenden tautomeren Formen sind, die in den Gleichgewichten [(4)⇌(5), R=H] bzw. [(6)⇌(7), R=H] vorliegen, und daß die Tautomeriekonstanten K_T etwa 10^4 bzw. 10^{10} betragen.

5. Ultraviolettspektren

Die Ultraviolettspektren heterocyclischer Verbindungen, die aromatische fünf- und/oder sechsgliedrige Ringe enthalten, sind den Spektren der entsprechenden aromatischen Benzolverbindungen (d.h. die die gleiche Zahl kondensierter aromatischer Ringe besitzen) insgesamt ähnlich. Der Substituenteneinfluß auf die Spektren heterocyclischer Verbindungen ist allgemein ähnlich wie in der Benzolreihe.

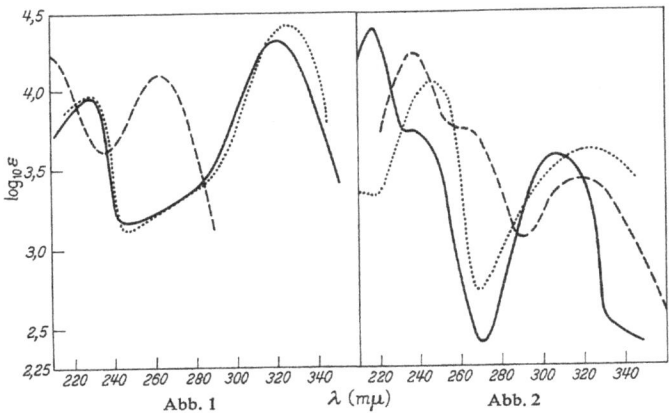

Abb. 1. ——— 4-Pyridinthion [(5), R=H]; ...... 1-Methyl-4-pyridinthion [(5), R=Me]; - - - - - - 4-Benzylthiopyridin [(4), R=CH$_2$Ph]
Abb. 2. ——— 2-Aminopyridin-1-oxyd [(6), R=H]; ...... 1-Methoxy-2-pyridonimin [(7), R=Me]; - - - - - - 2-Dimethylaminopyridin-1-oxyd [(6), R=Me]

Die UV-Spektren wurden zur Untersuchung potentiell tautomerer Verbindungen benützt. Die Abb. 1 und 2 zeigen die Spektren der Verbindungen, deren pK_a-Werte im vorangehenden Abschnitt angegeben wurden. Die Spektren sind ein weiterer Beweis, daß die potentiell tautomeren Verbindungen in der 4-Pyridinthion- bzw. der 2-Amino-pyridin-1-oxyd-Form vorliegen. Im Prinzip kann man aus den UV-Spektren die Tautomeriekonstanten bestimmen (da eine Alkylierung die Spektren nur wenig beeinflußt), aber in der Praxis ist dies gewöhnlich nur möglich, wenn jedes Isomere zu wenigstens etwa 5 % im Gleichgewichtsgemisch vorhanden ist.

6. Infrarotspektren

Das IR-Spektrum einer heterocyclischen Verbindung stellt, wie bei anderen organischen Verbindungen auch, einen ausgezeichneten „Fingerabdruck" dar und ist sehr viel charakteristischer als etwa der Schmelzpunkt.

Vor kurzem wurden in der Interpretation der IR-Spektren heterocyclischer Verbindungen wesentliche Fortschritte erzielt. Bei den meisten Schwingungsformen komplizierter Moleküle ist die Verformung auf einen Teil des Moleküls lokalisiert, z.B. auf einen aromatischen Ring oder einen Substituenten. Verbindungen, die den gleichen Substituenten oder das gleiche aromatische Ringsystem enthalten, zeigen charakteristische Schwingungsbanden, die zur Strukturaufklärung dienen können.

Der Einfluß des Molekülrestes auf die Lage und/oder die Intensität der Banden kann Informationen über die relative Elektronendonatorbzw. Elektronenacceptor-Eigenschaft der verschiedenen Positionen eines aromatischen Kerns liefern. Beispielsweise ist der Doppelbindungscharakter der $C = O$-Bindung in Verbindungen wie $Ar - CR = O$ von der Fähigkeit des Kerns zur Elektronenabgabe abhängig.

7. Kernmagnetische Resonanzspektren

Kernmagnetische Resonanzspektren wurden erstmals etwa 1955 in größerem Umfang in der organischen Chemie benützt. Seither haben sie, insbesondere die Protonen-Resonanzspektren, rasch an Bedeutung zugenommen. Sie stellen ein ausgezeichnetes Mittel zur Charakterisierung heterocyclischer Verbindungen dar. Auch die Anwesenheit von Verunreinigungen und ihre Natur kann häufig festgestellt werden. Wegen der Proportionalität zwischen Peakfläche und Konzentration der absorbierenden Spezies kann man die NMR-Spektren auch zur Analyse und zur Untersuchung der Reaktionskinetik anwenden.

Häufig werden NMR- und insbesondere PMR-Spektren zur Strukturaufklärung herangezogen. Die chemische Verschiebung hängt von der chemischen Umgebung des Protons ab, und aus dem Verhältnis der Peakflächen ergibt sich die Anzahl der zu einem bestimmten Typ gehörenden Protonen (aromatische, olefinische, aliphatische, aldehydische usw.). Die Spin-Spin-Kopplungskonstanten liefern Hinweise über die relative Orientierung von Wasserstoffatomen; sie sind für Konformationsfragen besonders wertvoll.

Der „Ringstrom", der aus den chemischen Verschiebungen bestimmt werden kann, wird weithin als Kriterium für den aromatischen Charakter verwendet.

Besonders wertvoll sind NMR-Spektren auch für die Untersuchung der Tautomerie und anderer schneller reversibler Umlagerungsreaktionen. Häufig beobachtet man eine Überlagerung der zu jeder Form gehörigen Spektren. Wenn die Umlagerung jedoch sehr schnell verläuft, zeigt sich ein „zeitlich gemitteltes" Spektrum. Beim Erhitzen der Probe findet man gelegentlich einen Übergang zwischen Überlagerungs- und zeitlich gemitteltem Spektrum, was die Berechnung kinetischer Daten erlaubt. Beispielsweise wurde die über (9) verlaufende Umlagerung (8)⇌(10) in dieser Weise untersucht.

8. Massenspektren

Auch die Massenspektren haben in der heterocyclischen Chemie seit kurzem stark an Bedeutung gewonnen. Das Massenspektrum läßt sich von einer sehr kleinen Substanzmenge gewinnen. Es stellt einen sehr charakteristischen „Fingerabdruck" dar, und auch die Beziehungen zwischen der Form des Spektrums und der ursprünglichen Struktur erhellen sich in zunehmendem Maße. Die Anwesenheit verschiedener funktioneller Gruppen läßt sich anhand ihrer charakteristischen Peaks erkennen. Die hochauflösende Massenspektroskopie gestattet die Bestimmung der Formel der Stammverbindung und aller gewünschten Bruchstücke.

Sachverzeichnis

Universitätsdruckerei H. Stürtz AG Würzburg

Made in United States
Orlando, FL
22 March 2026

79592971R00111